造梦师

小布（Blythe）零基础改娃教程全解析

老安 著

四川美术出版社

老 安

小红书 ada0526
@ 小森林的老安

毕业于天津工业大学艺术设计学院

广电媒体人，从事媒体策划、美术创作、培训、平面设计工作十八载。

擅长美术理论、结构分析、技法讲解、优化方案、设计思路拓展等实用美术教学。

　　2019 年至今任指尖魔法 Blythe 改娃课讲师，上线国内首套小布改娃线上课程，已指导逾千位学员从零基础的爱好者成为改娃达人乃至妆师，为心灵手巧的娃妈解锁了改妆技能，更为妆师稀缺的娃圈培养了更多优秀的新生力量。

前言

每个爱娃娃的人，内心都拥有一个丰富多彩的小世界。

我们对人形玩偶的依恋，起源于婴儿时期。不同于其他形态的玩具，人形玩偶最为接近母亲的外形，显示出独有的生命力与亲近感，让我们本能地产生依恋。

这种单纯又直接的依恋，会跟随一部分人直到成年，正如有些人喜欢收集英雄手办，有些人喜欢收集唯美或生动可爱的人形娃娃，在脑海中赋予它们独有的性格特征和各种奇思妙想的故事。

这不仅是我们对美好事物的追逐，更是一种心理寄托，是每天经历早晚高峰的成年人避世的秘密花园。

许多娃妈认为娃娃没有生命，却有灵魂。

娃娃是自己的孩子、家人，她们有自己的名字、衣品，甚至有自己的宠物，这也许正是我们在现实世界无法实现的一个小梦想。

她们未必是超级英雄，未必是公主，她们只不过是我们内心期望的自己。

我们在塑造娃娃的同时，也在塑造另一个隐藏的自我；在社交平台上展现出的娃娃，其实也是平日不敢展现出的自我。

爱娃娃的人往往是单纯的。

几年前我遇到了 Blythe，在中国我们叫她"小布"，一个风靡全球的女孩。在深入了解她之前，她还是施华蔻包装上的那个大眼娃娃，娃圈偶然遇到了被"壮士"改妆后的她，对她的迷恋一发不可收拾。

多年来从事美术工作的我，那一年狂热到夜不能寐，几乎浏览的所有网页都与 Blythe 相关。我搜集了国外资料，在信息散乱的互联网上拼拼凑凑地自学改妆技巧，历经没有系统教材的坎坷和各种翻车，最终解锁了改娃技能，加入小布改妆师的行列。

我们对小布进行磨改雕刻，重新上妆，使她拥有害羞、傲娇、开怀大笑、淘气吐舌、嘟嘴生气、伤心流泪等各种情绪，给予她生动鲜活的新生命。在对她重新进行艺术创作的过程中，融合了妆师的审美和工艺，重新赋予了她独有的性格和灵魂。每一个改妆过的小布都不可复刻，也无可替代。

又一年，指尖魔法艺术课堂的创始人找到我，发出合作邀约。历经半年多的资料筹备和录制，我们上线了国内娃圈史上第一套 Blythe 改妆课程。Blythe 发烧友们蜂拥而至，几百个日夜我们在一起研习改妆技能，分享改娃的快乐，时至今日课内学员已逾千人。

去年年底我收到同为小布发烧友的编辑的出版邀约，我们一拍即合，历经近一年的筹备，本书正式面世。

感谢正在阅读文字的你购买了本书，继续阅读下去，你会深入了解一个个小布的诞生过程，获得改娃自由；你可以绕过我们早期走过的弯路，直达小布妆师的快乐星球，获得意想不到的欢乐。

欢迎来到小布的世界，预祝改娃快乐。

老 安

目录

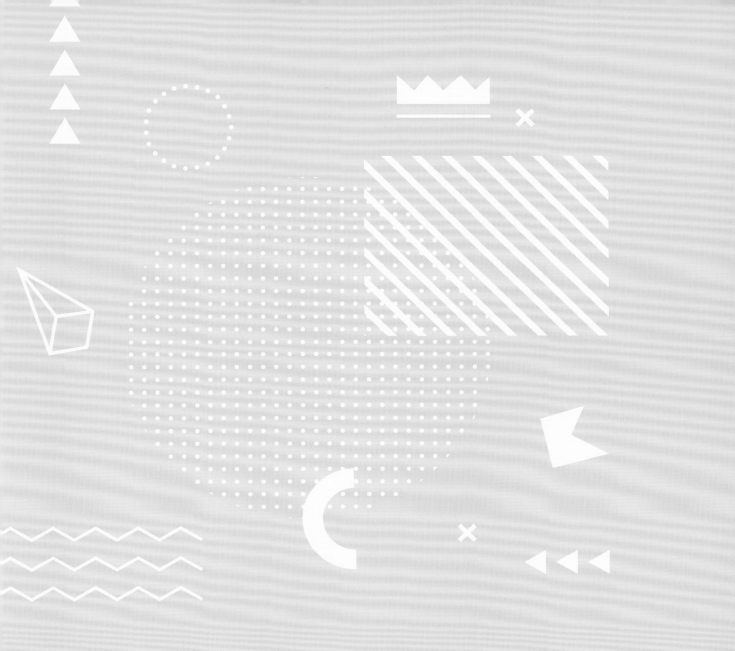

第 1 章 小布是谁?

小布，让我们实现一个个生活中无法满足的小愿望。

风靡全球的娃界奢侈品Blythe，在中国我们叫她小布。小布1972年在美国俄亥俄州诞生，由Kenner玩具公司生产，后于1991年被孩之宝收购。

区别于20世纪70年代的审美主流，小布超大的圆眼、夸张的头身比例，在当年作为儿童玩具显得过于前卫。而往往挑战传统、打破常规的超前审美，在诞生初期都会面临一定的生存危机，这使得小布在一岁的时候就被迫停产，渐渐淡出人们的视线。

Gina Garan 拯救了这个小可爱。

Gina Garan 在当时的美国时尚圈是一位颇负盛名的时装摄影师，也是一位资深"娃娘"，她个人收藏的娃娃超过 2000 个。

一切缘分起源于朋友的一句"你和 Blythe 长得好像"，这引发了 Gina Garan 强烈的好奇心，在购买了第一个小布以后，她与我们一样，对小布的爱一发不可收拾，这期间 Gina 收藏了超过 200 个 Blythe。

开始收藏小布后，她每每游历世界，都会带小布随行。作为出色的摄影师，她为小布在世界各地拍下造型绝美的写真，让本为儿童玩偶的小布成为时尚娃娃，绽放出全新的生命力和时尚感，升华为艺术品。

2000 年，Gina Garan 举办了小布个人摄影展，并出版 *This is Blythe* 写真集。写真集一经问世，瞬时人气爆棚，小布成为当年全新的时尚标杆。Gina Garan 用个人卓越的衣品、潮流的穿搭风格，赋予小布全新的灵气，震撼了全球娃圈和时尚界。Gina Garan 从此有了一个新头衔——Mother of Blythe（小布之母）。

在 Gina 将她创作的小布写真集带到日本 CWC 制作人 Junko 面前后，Blythe 的风尚吹到了日本。日本玩具商 Takara 公司推出了第一个名为 "Parco Limited" 的复刻版 Blythe。小布的风潮达到了前所未有的高度，甚至受到了众多世界顶尖品牌的青睐，纷纷为她制作经典款的 "Blythe 版定制服装"。Blythe 在日本顷刻风靡，日本国内流行的各街头品牌，也在近几年加入这股潮流之中，再度为 Blythe 开启更广阔的 "变化之门"。

通过上一节我们认识了这个叫 Blythe 的女孩。正如前言所说，许多娃妈除了给心爱的小布购置各种品牌衣服、帽子、首饰、家具、食玩、宠物等等外，还亲手设计、缝制各种衣服、鞋子、帽子、首饰，甚至还有家具，实现了一个个生活中无法满足的小愿望。娃妈在塑造娃娃的同时，也在塑造另一个自己。

Height/身高：28.5cm

Head circumference/头围：25.5cm

Bust/胸围：10.5cm

Waist/腰围：7.5cm

Hip/臀围：10cm

Inseam/内侧腿长：11cm

Blythe 家族包括身高 28.5cm 的 Neo Blythe 小布、身高 20cm 的 Middle Blythe 中布、身高 11cm 的 Petite Blythe 迷你布以及身高 15cm 的泡泡玛特 &Blythe 联名款泡泡布。

我们平常所说的"小布"，指的是身高 28.5cm 的" Neo Blythe"，也是小布家族中个头最大的一个。

拉动小布后脑的拉绳，可以切换左、中、右三个方向的四副不同颜色的眼片，来改变她的眼神和情绪，换眼手感极佳。

Snow 白肌	Cream 奶油肌	Fair 自然肌	Regular 普通肌	Latte 日烧肌	Mocha 黑肌

肤色分类由浅到深，分别是白肌（Snow）、奶油肌（Cream）、自然肌（Fair）、普通肌（Regular）、日烧肌（Latte）、黑肌（Mocha）。

第 1 章　小布是谁？

Blythe19 周年纪念 CWC
限定"东京之光"（Tokyo Bright）

官方几乎每个月都会推出新款小布，每年也
会出品周年纪念款和限量款。每个月从发布新款
设计概念图预告，到变为闪亮登场的新品的过程，
让玩家无比期待。部分新款或热门款小布要提交
预购申请，通过排号或抽选才能买到，一娃难求，
常年处于脱销状态。

她们各自拥有的专属名字、人设、背景故事，
妆面、发型配色以及服装配饰都十分契合主题。

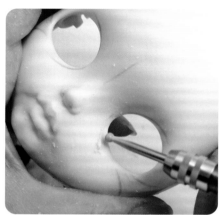

人人都向往独一无二,手工达人娃妈发挥自己的巧思、审美并运用工艺,开始将自己的 Blythe 进行再创作:重新雕刻五官、磨改脸形、重新上妆,甚至使用补土材料重塑形象——改妆后的小布诞生了。

改妆后的小布拥有了害羞、傲娇、开怀大笑、淘气吐舌、嘟嘴生气、伤心流泪等各种情绪，妆师重新赋予了她们名字和故事、独有的性格和灵魂。每一个改妆小布都脱离量产，升华为不可复刻、无可替代的"孤品"。改娃热潮从此兴起。

近几年小布的妆师越来越抢手，排队等妆的时间往往需要几个月甚至一两年。妆师成为娃圈一个令人向往的职业。

下面就让我们一起走入小布妆师的世界一饱眼福，在这里，你不仅能欣赏到妆师们的作品，还能对改妆小布的诞生过程有一个直观的理解。我们一起打开这扇妙趣横生的大门吧！

"因为热爱，不知疲惫。"

妆师：小红书 - 肉松居士

90后狮子座女生，从事Blythe改娃、微缩家具制作等，博爱，对各种微缩小物都充满兴趣。脑袋是一间杂货铺，什么都想囊括其中。

妆师说

"喜欢娃娃这件事，可能是刻在每个女孩的基因里的。我很享受改娃的过程中对每一个细节慢慢琢磨，我喜欢尝试，追求完美，忠于自己的审美。生活中的桎梏太多，而手作是温暖且自由的事，Blythe改娃让我看到了另一个自己。做自己喜欢的事情，会因为热爱，不知疲惫。"

妆师：小红书 - 黑豆 HEYDOLL

Blythe 妆师、娃体文身师。90 后机车男一枚。主打暗黑风，脑洞贼大，追求创新，专做奇奇怪怪的东西。

妆师说

"玩娃娃并不单单是女生的专利，男生也能乐在其中。同时，小布的可改潜力很大，每次都会是不一样的挑战。能够把兴趣爱好作为一种职业去发展，是很多人梦寐以求的事情。再加上用无限的脑洞做出每一个独一无二、让人惊叹的作品，既能让自己发光，又能认识各种志同道合的朋友，太幸福了。"

妆师：小红书 -shaniedolls

80后，水瓶座女生。现定居英国，从事医美行业兼改娃师。性格内向、安静、沉稳，注重细节，追求完美。喜欢所有美好的东西，如美术、手工、二次元，特别是娃娃。

妆师说

"我从小就喜欢娃娃，收集了国内国外许多类型的娃娃，现在家里早已成了娃娃的童话世界。改娃之路的开启要感谢一次意外。有一次玩娃娃时我不小心把娃娃的牙齿碰掉了，这让我心痛不已，就想着要恢复她原来的样子。于是我在网上搜索改娃方法并购买改娃材料、工具，再每月集体运到英国，开始亲手制作OB11娃娃、假发、眼片、拉绳……对小布Blythe进行改妆，让我沉浸在改娃的快乐中，享受着打造一个'完美孩子'的治愈过程。虽然付出了很多心血与汗水，但当得到娃妈的肯定与赞美时，我无比开心，这也激励着我不断努力，去创造更美、更具不同风格的作品。"

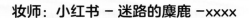

"就让她来治愈你我"

妆师：小红书 - 迷路的麋鹿 - xxxx

全职 Blythe 妆师，偏爱真人风，轻微强迫症 + 细节控，深信只有"热爱"才是最好的老师。

妆师说

"我改妆的每一个娃娃都投注了我全部的感情，她们的每一根血管、每一寸肌理都是我用心制作的。她们或奶萌或甜美或御姐，因不可复制，独一无二，才显得弥足珍贵。岁月流淌，不温不火，就让她来治愈你我。"

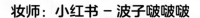

妆师：小红书 - 波子啵啵啵

宅家系自由设计师，长年从事婚纱设计及法式刺绣设计与衍生品的开发。爱好手绘及与美有关的一切。

妆师说

"创造美就是我的生活、我生命的一部分、努力探索自己的生命标签。从小我的目标就是做服装设计师，小时候喜欢芭比娃娃，长大后我认识了 BJD、Blythe，我知道这就是我的作品最好的载体，可以去实现制作各种不同主题的梦想。我想做出让人心动的娃娃和衣服，你看到她就知道：这就是波子。"

妆师：小红书 - 姜姜糖

姜姜糖手作空间由手作人"姜姜糖"创立，包含制作羊毛毡、羊绒棒、软陶娃娃及改妆小布等业务。自 2020 年创立以来，姜姜糖手作空间以"暖心"为主题，创造那种让人只看一眼就觉得很暖心的形象。

妆师说

"毕业后的几年，参加工作，中间特别紧张，压力很大。所以我用自己的方式来解压，那时候对手作有着说不出来的喜欢。后来接触到了羊毛毡、软陶、Blythe、羊绒棒这几个品类，我更加有了'想让日子慢下来'的念头，于是 2018 年成为一名手作人，开启我的梦想之旅。城市脚步匆忙，扔掉手机，回归安静。"

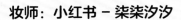

"因为是设计师，创意无限"

妆师：小红书 - 柒柒汐汐

坐标南京，天秤座女生，产品体验设计师，兼职 Blythe 改娃。

妆师说

"很偶然的机会遇到 Blythe 小布，让本身就很爱收集和再设计各种手办娃娃模型的我，爱上了这种可以有无限设计可能性的创作方式，从此入坑，开始漫漫改娃路。多年的设计功底让我在改娃的过程中能够游刃有余地尽情发挥自己的想法，追求每个细节，创造更美的事物。现在我主攻 Blythe 的改妆，希望能在有限的时间做到极致。我很享受改娃的过程，每创造出一个新的崽崽，都能看到自己的进步。同时，也非常感谢喜欢我做的崽崽的娃妈们的默默支持，你们的喜欢是我前进的动力，让我更有信心创造出更美的崽崽。"

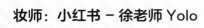

"娃爹也疯狂"

妆师：小红书 - 徐老师 Yolo

双子座男生，播音主持的持证教师，兼职 Blythe 妆师。

妆师说

"喜欢 Blythe，喜欢 BJD，对一切新鲜美好的事物充满好奇。在 2021 年正式进入改娃行列，认真对待每一个到我这里的小朋友，也希望每一个亲手创造出来的小可爱能受到娃妈娃爹们的喜爱，深深鞠一躬！很懒，但又很着急；很博爱，但又不花心。非常欢迎大家找我聊天，徐老师绝对不会不回消息的，谁不想看到自己的作品被大家喜欢呢？"

妆师：小红书 - 多多的茶

　　80 后的天秤座女生，毕业于加拿大约克大学和圣力嘉学院，橱窗设计师，Blythe 妆师，擅长各种复古真人风、欧美风的塑造。

妆师说

　　"十几年的海外留学经历使我对'美'有着独特的见解。我觉得真正的'美'应该是随着时间的流逝而得到沉淀，应该是含蓄的。因此我特别钟情于复古风，想通过自己的双手去创造一个又一个有灵魂的娃娃。同时，改娃这件事情可以磨炼我的耐心，使一向急脾气的我可以安静地坐下来享受创造的乐趣。每改一个新的娃娃都是一次新的挑战，用心去钻研磨改方法跟妆面，在改娃的过程中不断地超越昨日的自己。"

第 2 章 小布的构成

——小小的脑袋里暗藏玄机

改娃从了解内在开始，这一章我们来拆解小布，了解她的内部结构和组件运作原理，从而改造细节，解锁更多玩法。

2.1 无痕开脑

近年来小布的脸版型号多为 NBL、RBL、RBL+，以 NBL 保有量最高，最为常用，下文以此为例。

小布 NBL 版型的后脑壳有三个螺丝，呈三角形分布，分别连接、固定小布的头皮和前脸壳。

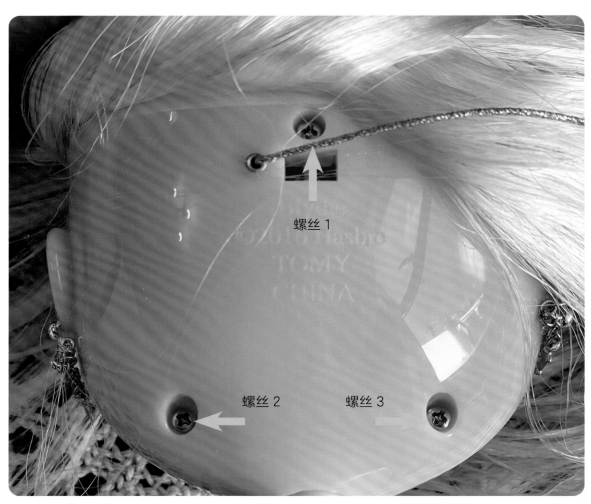

螺丝 1

螺丝 2　　　　螺丝 3

卸开螺丝 1，
提拉头发向上拔起，
即可拆下小布的
头皮。

用尖头镊子把弹簧的弯钩从眼串上取下。

卸开螺丝 2、3，前后用力掰开，即可拆分前脸壳和后脑壳。

将拉绳的固定绳结打开，抽出。

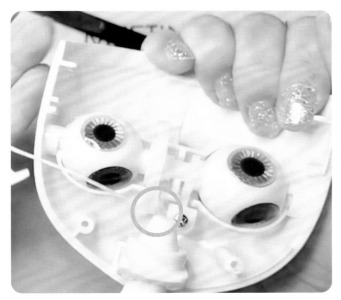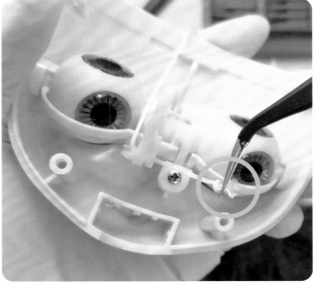

至此，头皮、前脸壳、后脑壳就拆卸完成了。

我们可以看到，小布的颅内部件集中于前脸壳内部。

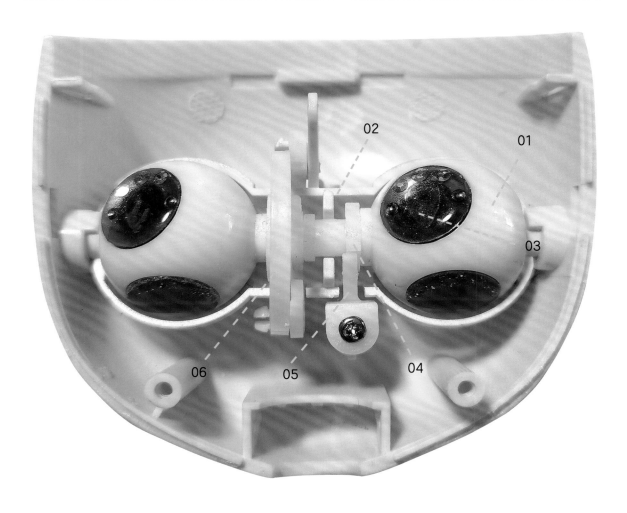

01 贡丸——小布的眼白部分。

02 眼架——承托眼部零件、眼皮、睫毛，与脸壳组装。

03 眼片——共四副，嵌于贡丸之上，可根据不同风格更换。

04 齿轮——四个档位对应四副眼片的切换顺序。

05 T 棒——顶住齿轮的每个档位，使每一档的换眼片位置固定。

06 C 圈——捆绑拉绳。拉绳上提时带动 C 圈上提，从而带动齿轮转动。

下面就让我们来了解怎样通过修改这些小零件来改变小布的面部神态吧！

盒娃小布颅内的眼串和后脑方孔之间连接有一个弹簧组件，每次扯动拉绳闭眼实现换眼片之后，弹簧的弹力都会把眼皮拉回睁眼状态，无法保持闭眼（睡眼）状态。

改妆小布时为了让闭眼（睡眼）状态不回弹，一般会把弹簧取下，用双拉绳代替。

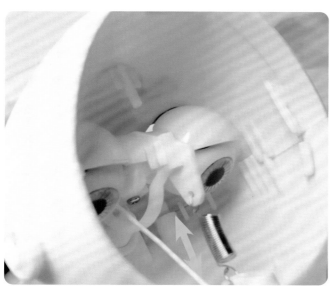

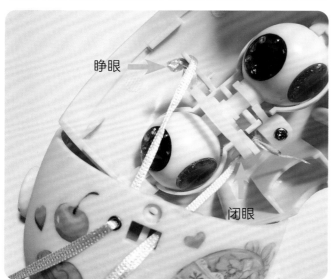

两根拉绳由后脑圆孔和方洞分别穿入。

一根拉绳负责睁眼，一根拉绳负责闭眼。

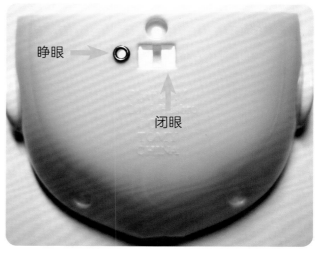

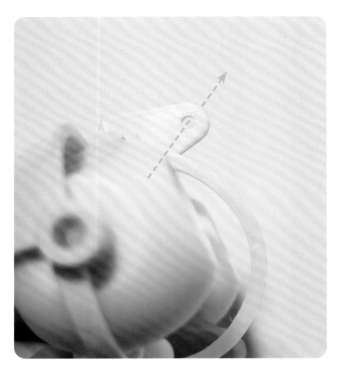

后脑圆孔的睁眼拉绳，穿过眼架的圆孔后打结固定。

后脑方孔的闭眼拉绳，穿过 C 圈下方的圆孔后打结固定。

闭合后脑之后，交替拉动两根拉绳，睁眼和闭眼两个状态就解锁了。

2.4 开全眼

通常小布睁开眼睛时，即使眼皮开到最大，睫毛上方仍有缝隙，睫毛根部不能贴合眼眶，这让很多娃妈觉得，小布有一种"睡不醒"的感觉。

妆师为了解决这个问题，对内部进行了加工，使眼皮能继续上翻，让眼睛全部睁开，这就是所谓的"开全眼"。

小布脸壳内部的侧面有两个用来固定眼串的卡槽。

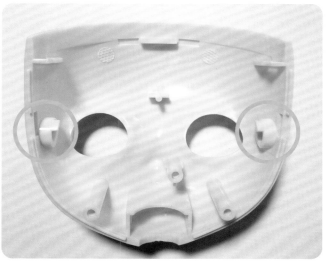

下图分别为闭眼和睁眼的状态，睁眼时卡槽挡住眼架的位置决定眼皮上翻的程度。

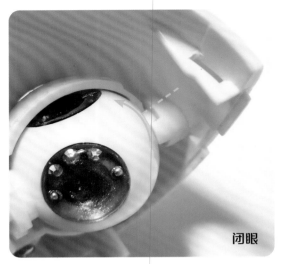
闭眼

睁眼

切掉

使用电磨机或刻刀，把左图中虚线标注的位置切掉，让档头退位，使眼架能继续上翻。切掉的尺寸可依据正面露眼皮的尺寸按需操作。

改后的小布正面眼皮睁得更开，眼睛变得炯炯有神了哦。

2.5 改 T 棒调整眼神

开全眼之后,眼片周围的上眼白位置会露出,面部呈现一种"瞪人"的神态,会有点凶。
我们可以通过修改 T 棒长度的方式来改善它,使眼神更加灵动。

修改 T 棒前

修改 T 棒后

T 棒位于眼串的齿轮下方，齿轮四个档位的上翻对应四副眼片的切换顺序。

T 棒的作用是抵住齿轮的每个档位，使每一档换眼后位置固定住不动。

卸下 T 棒，用电磨机或笔刀把尖端磨短或割短 1mm 左右，安回去就能让齿轮的定位更低，让正面眼片上翻的程度加大，从而使上眼白不外露，眼神就能更灵动可爱了哦。

翻车预警：割 T 棒需掌握分寸，过短会抵不住齿轮，换眼滑脱，需根据每个套件的具体情况，多次轻微修改，反复试验。

2.6 换眼片

小布四副眼片的切换有很高的可玩性，不同风格的眼片能呈现出小布不同的气质和性情，许多娃妈认为这是小布的灵魂所在。很多玩家喜欢给小布制作、更换各种更灵动的眼片，下面我们就来看一下，怎样更换盒娃眼片。

01 盒娃的眼片是黏胶固定的，比较牢固，四周没有缝隙，
无法取出，妆师一般会借助热熔胶棒来拔除眼片。

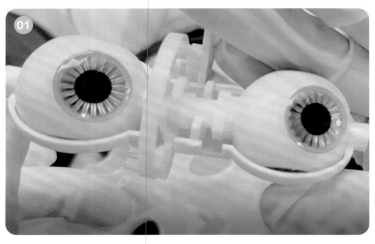

02 用打火机加热热熔胶棒的一头，并迅速按到眼片表面。

03 等冷却之后，转动胶棒，拧松眼片，拔除眼片。

04 重复操作，拔除另外三副。需要注意的是，趁热把
眼片从胶棒上剥离会比较省力哦。

05 观察要替换的眼片厚度，根据不同亭深，粘贴不同
体积的蓝丁胶（眼泥）。

06 嵌入眼窝后，观察眼片和眼窝是否
贴合，并转眼一周，检查换眼后的
流畅度。新的眼片就换好了哦。

07 需要取下眼片时，只需用稍多蓝丁
胶把眼片表面黏住，转松，然后拔
下即可。

2.7 换睫毛

盒娃的睫毛黏合在眼皮和眼架的夹缝中，大多数妆师会按照自己的喜好，用更为丰富多彩的睫毛更换原装睫毛。为避免在眼皮绘制、消光或封层的过程中沾染睫毛，更换睫毛一般在完妆之后。

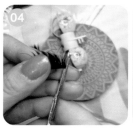 

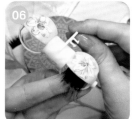 

01 盒娃睫毛一般粘贴比较牢固，硬拔比较吃力，或使根部残留在缝隙中难以去除。

02 可用80℃热水浸泡15分钟左右，使黏胶软化再进行拔除。忌用吹风机、热风枪等高温加热方式，以免高温使眼皮塑料变形，造成不可逆的破坏。

03 软化后用止血钳夹住睫毛，分组连根拔除，用力需适当，避免拔断留根。

04 测量拔下来的睫毛的长度尺寸，对新的假睫毛的长度和边角进行修剪。

05 假睫毛的根部一般自带黏胶，无须涂胶水。

06 眼皮内眼角侧对应睫毛较短的一侧，外眼角侧对应睫毛较长的一侧。

07 将假睫毛一侧尖角插入眼皮缝隙，再慢慢将整根睫毛塞入缝隙。可借助刻刀、手术刀等工具。

08 整理假睫毛角度，以扇形散开为宜。

本章带大家了解了小布的颅内结构和部件作用，从下一章开始，我们就要进入脸壳的磨改、雕刻、上妆的学习。大家来准备工具吧！

第 3 章 改娃工具准备

"工欲善其事，必先利其器。"选择工具是妆师的入门课。一套趁手的工具不仅能提高工作效率，还能让我们舒适地体验创作过程。接下来的这一章我们将呈上小布妆师们多年工作经验中的最佳工具方案，以及入门妆师的平替工具选择。在认识工具的过程中，大家也能初步了解小布改妆的工作程序和原理。

3.1.1 电磨机

用途：通过电机打磨，改变小布的脸壳、脸形结构、五官细节。

推荐型号：世新电磨机 204-102L 手柄 3.0 标配。

优点：功率大，转速高，同轴率高，打磨稳，磨头不易弹跳。

缺点：手柄略重。

平替：TOOME 无极调速微型电磨笔（18V 直插款）。

优点：手柄轻巧，携带方便。

缺点：功率和去肉力度低于电磨机。

避雷：请勿选择充电款，避免续航不够影响工作。

3.1.2 金刚砂磨头

30 支综合磨头

用途：电磨机磨头配件，套装内不同形状的磨头用在不同的位置，处理塑形细节。

推荐型号：南珊金刚砂磨头 3mm（适用于 3mm 夹头的磨机）BMS-300（30 支混合套装）。

避雷：不推荐随磨机赠送的低价磨头，金刚砂磨通常不耐用，易弹跳。

A 型平头圆柱   B 型球头   C 型圆头圆柱   D 型尖针、火炬、子弹

A 型平头圆柱	B 型球头	C 型圆头圆柱	D 型尖针、火炬、子弹
A1	B1	C1	D1
A2	B2	C2	D2
A3	B3	C3	D3
A4	B4	C4	D4
A5	B5	C5	D5
A6		C6	D6

3.1.3 雕刻刀

A   上匠雕刻刀 12 件套

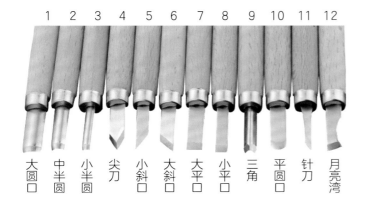

1 2 3 4 5 6 7 8 9 10 11 12

大圆口　中半圆　小半圆　尖刀　小斜口　大斜口　大平口　小平口　三角　平圆口　针刀　月亮湾

优点：便宜易购。

缺点：刀形有局限，耐久性一般。

B   老五小布刻刀

用途：电磨机粗雕完成后，雕刻刀修整细节。

推荐型号：老五小布专用刻刀组。

优点：专为小布研发，刀头形状分类精细，钢口锋利耐用，使用手感佳。

缺点：需要制作周期，需提前订购。

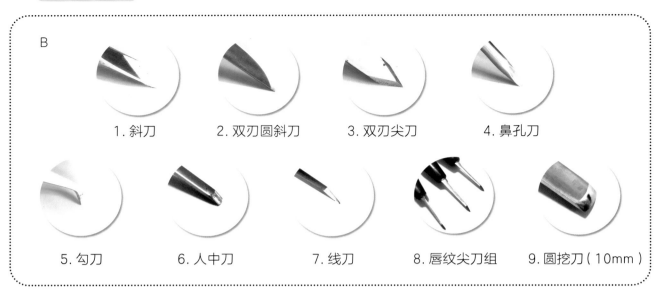

1. 斜刀　　2. 双刃圆斜刀　　3. 双刃尖刀　　4. 鼻孔刀

5. 勾刀　　6. 人中刀　　7. 线刀　　8. 唇纹尖刀组　　9. 圆挖刀（10mm）

3.1.4 笔刀

用途：切割零件，修改零件结构。

3.1.5 砂纸

水磨砂纸

用途：在磨头和刻刀塑形完成后，用于找平、大小面积
打磨、抛光等。

推荐型号：田宫 87010 水磨砂纸套装（400—2000 目）。

优点：可折叠打磨缝隙，干湿两用，目数精细准确，耐用。

海绵砂纸

用途：大面积打磨表面或裁切适合形状，打磨局部。

推荐型号：3M 海绵砂纸套装，颜色有红色、蓝色、绿色。

优点：海绵的韧性更容易贴合弧度，力度柔和，不易破
坏结构。

3.1.6 打磨条

用途：打磨去肉程度较多的位置。

推荐型号：美甲打磨条套装。

优点：好持握，省力。

3.1.7 集尘工具

用途：收集打磨粉尘。

推荐型号：打磨防尘箱／喷涂箱，亚克力板 5mm+LED（发光二极管）+ 抽风机 + 手套。

优点：防护较完善，防止粉尘污染，保持室内清洁。

缺点：占地较大。

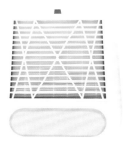

平替：美甲集尘器 +3M 口罩。

优点：机动灵活，不占空间。

缺点：集尘器噪声较大，集尘效果有限。

3.1.8 树脂黏土

用途：制作小布牙齿和舌头等口腔配件。

推荐型号：树脂黏土（红白两色各 100g）。

优点：可混合调色，自然风干固化，无须加热烘烤或光固化。

3.2.1 消光

用途：1.打底：通过喷涂，去掉塑料表面的光泽，使其呈现亚光磨砂质感，容易着色。

2.定妆：每层妆面之间喷涂，起到定妆作用，使得下一层妆面的上妆和修改不会破坏上一层妆面。

3.保护：妆面完成之后，作为封层，保护妆面不因摩擦、潮湿而被破坏。

推荐型号：郡士 B-514 油性消光漆。

优点：对比水性消光漆或罩光剂，油性消光漆的成膜性佳，挥发快，不易融妆，防水，状态稳定，比较耐久抗燥。

缺点：气味刺激，有一定污染，需做好防护工作。

3.2.2 防护工具

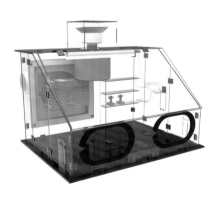

用途：防止吸入喷涂物等有害挥发物质。

推荐型号：喷涂箱 / 打磨防尘箱，亚克力板 5mm+LED+ 抽风机 + 手套。

优点：箱内作业，防护较完善，保护健康并防止室内环境被污染，防止表面落灰。

缺点：占地较大，需要安装排风口。

平替：室外喷涂 +3M 防毒面具 + 手套 。

优点：保护室内环境。

缺点：需要寻找安全场所，喷涂后不可移动脸壳，而且表面容易落灰。

3.2.3 上妆刷

用途：蘸取散粉上妆。

推荐型号：阿芙罗蒂特6支套装（娃师专用）。

优点：刷型分类合理，抓粉良好，不易飞粉，手感佳。

缺点：易断货，需提前订购。

平替：规格类似的小马毛化妆刷。

3.2.4 画笔

拉线笔

5mm勾线笔

7mm拉线笔

9mm拉线笔

11mm拉线笔

用途：绘制眉毛、睫毛等线条。

推荐型号：AKIHI拉线笔（5mm—11mm）。

优点：笔头蓄水性良好，弹性佳，拉线连贯，较耐用。

美甲画笔

纹格笔

秋菊笔

2#圆形光疗笔

4#圆形光疗笔

4#光疗笔

4#雕花胶笔

用途：绘制图案，填色。

推荐型号：AKIHI光疗笔。

优点：毛质顺滑细腻，手感佳，可用于颜彩或丙烯绘画，或用UV光疗材料塑造立体图案。

面相笔

#00000
#000
#0
#2
#4
#6

用途：精细绘画。

推荐型号：榭得堂面相笔（#00000—#6）。

优点：蓄水佳，弹性良好，不易掉毛，用于颜彩或丙烯小面积精细作画，笔触细腻，上色连贯均匀。

3.2.5 色粉

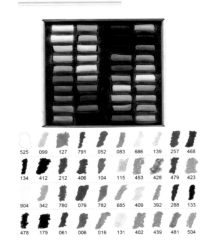

525 099 127 791 052 083 686 139 257 468
134 412 212 406 104 115 453 428 479 423
904 342 780 079 782 685 409 392 288 133
478 179 061 006 016 131 402 439 481 504

用途：妆面色彩渲染。

推荐型号：申内利尔人像 40 色色粉（原装或分装）。

优点：色粉棒柔软易取色，大部分颜色显色好，粉质细腻，附着力佳，较不易飞粉。

缺点：申内利尔深色显色较弱，需多层叠底增加颜色深度。

3.2.6 彩铅

用途：绘制眉毛等线条，手绘图案。

推荐型号：辉柏嘉 24/48/72 色水溶彩铅。

优点：水溶特质，可干湿两用，铅笔作画易操作，适合新手。

缺点：大面积使用时，颜色饱和度较低。

3.2.7 颜彩

用途：使用拉线笔绘制眉毛等线条，手绘图案。

推荐型号：吴竹颜彩正装或分装（48 色）。

优点：固体水彩颜料易于保存，高浓缩，根据加水多少溶化使用，可调节色彩饱和度和画风，颜料细腻，笔触较丙烯轻，上色均匀。

3.2.8 丙烯颜料

用途：绘制图案。

推荐型号：温莎牛顿丙烯颜料 36 色套装。

优点：附着力强，绘制三天后可达到防水效果。

缺点：较颜彩上色不匀，仅适合笔触较粗的画风。

3.2.9 光油 / 肌理凝胶

光油

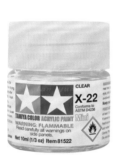

用途：打造高光，常用于嘴唇、眼角。

推荐型号：田宫水性亮光油 X-22。

优点：气味较小，光泽柔和。

缺点：水性漆不防水（需防水可选择油性漆）。

平替：透明指甲油或甲油胶。

肌理凝胶

用途：打造真人肤质，塑造毛孔、颗粒感、眼泪、立体唇纹等。

推荐型号：高登肌理凝胶薄款，用于打造真人肤质；高登肌理凝胶厚款，用于打造眼泪或立体唇纹。可购买改娃专用分装，商家一般赠送上妆海绵。

3.2.10 其他工具

调色盘——颜料调色

笔洗——清洗画笔

擦擦克林
——清洁或擦出色粉渐变效果

湿巾——清洁

螺丝刀（5号）——拆装部件

水晶土——加固部件

面巾纸——清洁、遮挡

蓝丁胶——粘接眼片、套耳、假发

镊子——精细操作

第 4 章 磨改与雕刻

　　这一章我们会将小布原壳的五官和脸形进行调整，改变面部比例，使用工具为五官重新塑形，进一步增加立体感和细节，使面部结构和曲线更加美观生动。通过这一章的学习，我们能够举一反三，拓展出多种表情的塑形方法。

4.1 概念

磨改

使用电磨机和砂纸初步改变脸壳五官与脸形结构，使结构接近设计目标。

雕刻

使用刻刀，在磨改出的大致基础上进行精细加工，使细节更加完美。

4.2 原壳面部结构分析

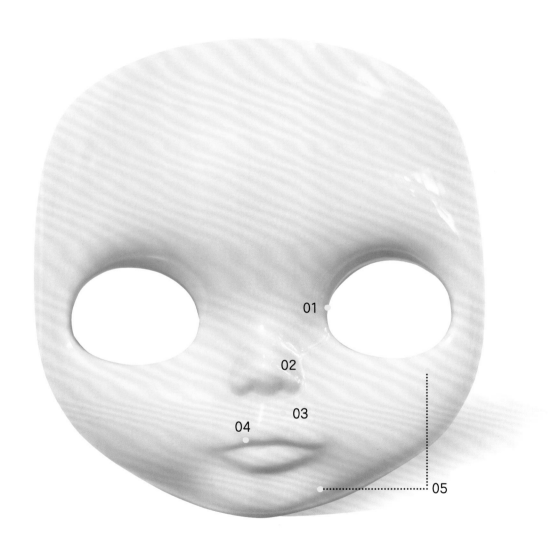

小布的五官集中在脸壳下的二分之一面积，脸形扁圆，具备以下特征：

01 眼眶椭圆，占比较大。

02 鼻子呈三角形，鼻尖上翘略朝天，鼻孔外露且结构模糊。

03 人中较长，无明显结构。

04 上唇薄、下唇厚，嘴缝偏低，结构模糊。

05 脸颊、下巴较圆，结构起伏较小。

4.3 设计思路与全脸磨改方向

妆师在进行改形之前大多已经有了初步的设计构想：神态或恬静，或活泼俏皮，或委屈等等；鼻形或圆或扁；嘴形或大或小；唇形或厚或薄；嘴角位置或高或低；表情或微笑或大笑。这些不同的五官，最终组成一个个不同表情的小布。

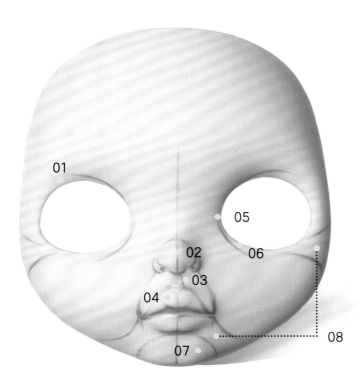

01 雕刻双眼皮，改变眼眶比例，增加立体感。

02 改变鼻头形状，增加鼻翼、鼻孔、鼻底细节。

03 缩短人中比例，精细塑形。

04 增加上唇体积，使嘴巴的曲线更精细且有起伏变化，塑造体积感。

05 增加眼窝结构，增强立体感。

06 打造泪沟细节，增强面颊高点立体感。

07 增加下巴结构，使轮廓更加生动。

08 磨改脸形，两颊下巴两侧去肉收轮廓，增加脸形曲线感。

塑形目标

4.4 起稿步骤

01 海绵砂纸（红色）打磨脸壳表面需要改形的位置，去掉光面，使铅笔或记号笔容易上色。

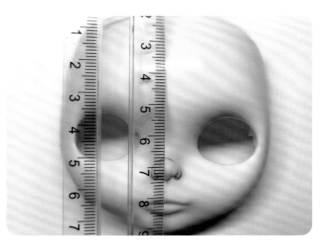

02 可借助尺子或定位胶带，标记出脸壳的垂直居中线，帮助参考对称。

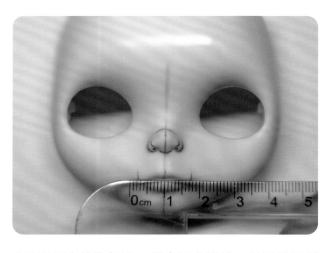

03 以居中线为标准，找水平参照线，并测量两侧嘴角的长度，做出定位标记。

 根据定位画出曲线，设计出想要的鼻形和唇形，必要时可拍照后镜像翻转图片检查对称。

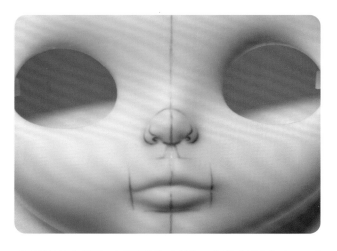

04 以居中线和水平线为参照，定位鼻梁高度、对称的鼻翼宽度、鼻孔间距、人中的长度、上唇和下唇的厚度，鼻子、嘴巴的位置和比例就定好了。

4.5 鼻子磨改雕刻

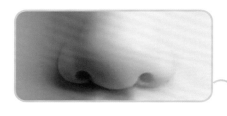

初次磨改的小可爱们，建议先从相对简单的鼻子部位入手，了解塑形的原理和工具的使用方法。

4.5.1 鼻子结构分析

我们先来看一下原壳鼻子的特征，设计磨改方向。

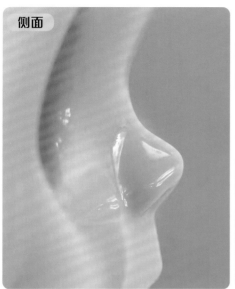

侧面

仰视

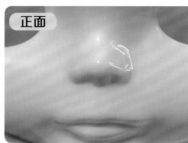

正面

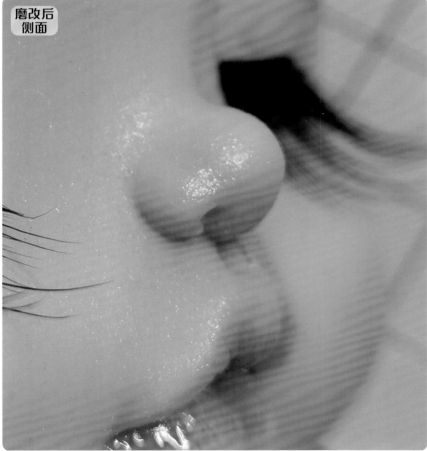

磨改后
侧面

原壳结构特征

01 鼻头尖，高点偏高，略呈朝天鼻的角度。

02 鼻孔外露，轮廓模糊。

03 鼻翼宽而外扩，轮廓模糊，体积感弱。

04 鼻底呈三角形，轮廓模糊，立体感较弱。

总结

鼻子结构模糊，没有肉感，整体塑料感比较强。

塑形方向

真人风——让鼻头变得逼真、圆润可爱、充满细节。

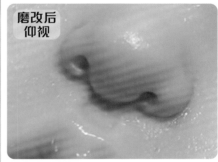

磨改后
仰视

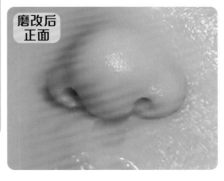

磨改后
正面

4.5.2 磨改实操

磨头对照表（见P049）

我们先来看一下原壳鼻子的特征，设计磨改方向，达成黄色区域形状。

正面

黄色为目标区域

仰视

黄色为目标区域

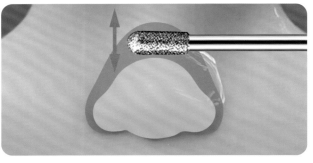

01 磨头（C6圆头圆柱）横持，上下扫动打磨去肉，降低鼻梁，围绕鼻头的上圆弧塑形。

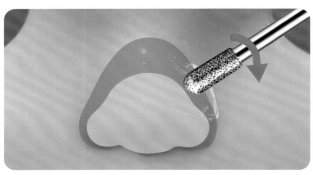

02 磨头（C6圆头圆柱）的圆头，围绕鼻子侧面打磨去肉，缩小体积，塑造侧面弧度。另一侧可翻转脸壳，镜像操作。

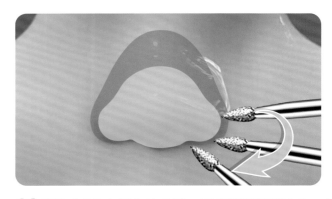

03 磨头（D5火炬）的尖端，围绕鼻翼打磨去肉，缩小鼻翼使其圆润，并抠出较为清晰的鼻翼轮廓。另一侧可翻转脸壳，镜像操作。

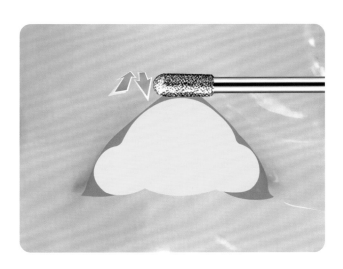

04 磨头（C6 圆头圆柱）横持，打磨鼻尖去肉，去掉过于上翘的鼻尖，塑造圆润的鼻头。

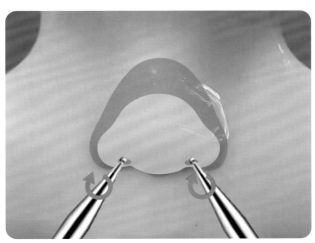
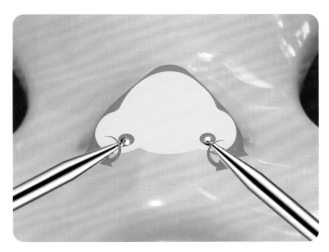

05 磨头（B1/B2 球头）在定位鼻孔的位置钻洞，为鼻孔初步塑形。

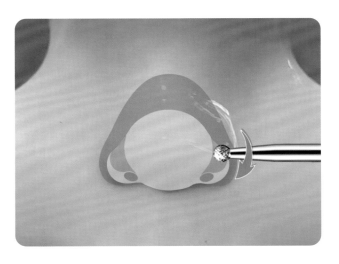
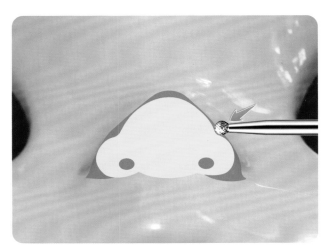

06 磨头（B5 球头）围绕鼻头两侧，画括弧轻柔打磨凹陷，塑造出鼻头两侧的弧度。

磨改基础塑形完成，下一步使用刻刀精细雕刻。

4.5.3 雕刻实操

刻刀雕刻、修整细节，能使塑形结构更加细腻精致，所以熟悉和掌握雕刻技能尤为重要。

刻刀对照表（见 P049、P050）

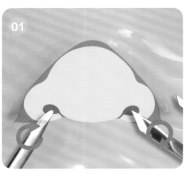

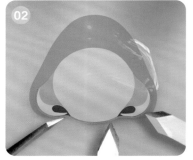

01 B4 鼻孔刀或 A11 针刀或 B1 斜刀的刀尖，用剔转圆圈的动作，雕刻出更精细的鼻孔形状。

02 B7 线刀或 B3 双刃尖刀或 A4 尖刀，进一步加深鼻翼和鼻底轮廓清晰度，增强立体感。

03 B9 圆挖刀或 A10 平圆口刀，把整个鼻子体积表面刮圆润，让凹陷起伏更顺畅，使曲线更顺滑。

4.6 鼻子塑形要点及避雷

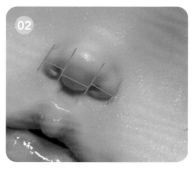
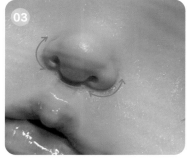
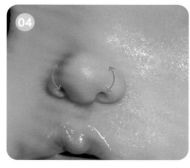

01 鼻梁—鼻头—鼻底的曲线衔接要流畅。弧度越饱满，鼻形就会越圆润可爱。

02 注意合理分配两侧鼻翼和中间鼻柱的面积比例，提前定位鼻孔。鼻孔间距宜宽不宜近，应给鼻柱留好体积以便塑形。

03 鼻翼—鼻底弧度需圆润饱满，避免转折出现尖角。弧度越圆润，鼻子越可爱有肉感。轮廓宜清晰，轮廓越清晰，鼻子越有体积感，显得立体有型。

04 鼻头沟呈括弧状，应圆润柔和，呈现柔软肉感。过深或过硬的线条会使鼻头轮廓变硬，产生塑料感。

4.7 更多鼻形衍生设计

掌握基本款塑形之后，通过各个位置比例分配和弧形的变化，就能拓展出更多鼻形。

4.7.1 扁圆鼻

拉大鼻孔间距，降低鼻头高度，塑造较为扁圆的憨态感鼻形。

4.7.2 卡通鼻

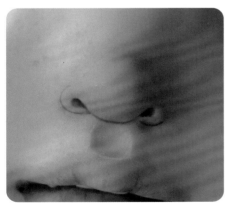 

缩小鼻翼比例，扩大鼻头体积，强调圆鼻头，塑造迪士尼风格的俏皮卡通感。

4.7.3 肉肉鼻

缩小鼻孔占比，强调鼻翼厚度，不做鼻头沟结构，使鼻子整体圆圆肉肉的。

对小布的嘴巴进行磨改雕刻，能塑造出各种不同的表情神态的小布。嘴形的变化，既能打造出每个小布的生动表情和独特性格——平静、小开心、大笑、抿嘴、委屈、哭泣等等，又能体现每个作品的特色和差异化。嘴巴是全脸最为重要的磨改部分，我们会用较多的篇幅来详细讲解嘴巴的结构与塑形。

4.8.1 嘴巴结构分析

首先我们来认识一下嘴巴及唇周各个位置的名称，以便在后面的讲解中对上号。

01 上唇珠　　*02* 下唇珠　　*03* 唇峰　　*04* 唇谷　　*05* 嘴洞

06 唇缝　　*07* 下唇中部凹陷　　*08* 嘴角　　*09* 下唇侧　　*10* 唇底

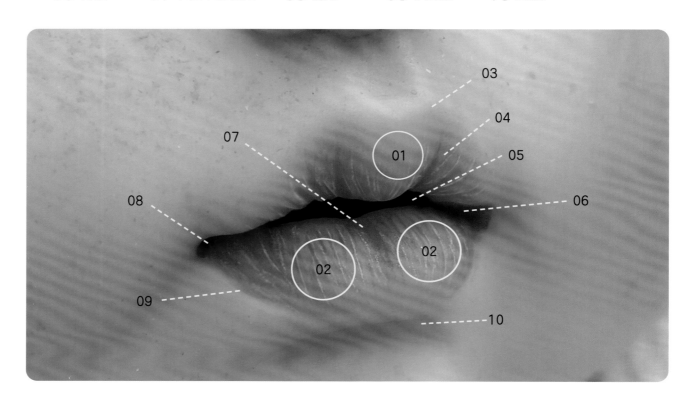

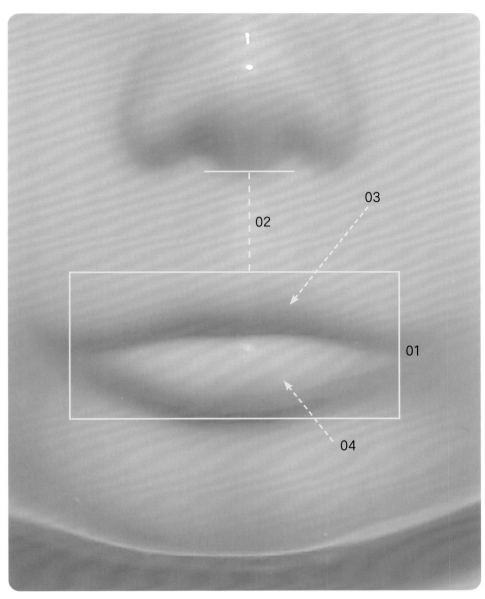

01 嘴巴长宽比例相差较大，唇形狭长。

02 人中较长，侧面凸起，无结构细节。

03 上唇薄，没有轮廓感和唇珠、唇谷结构细节。

04 下唇结构简单，无结构细节。

第 **4** 章 磨改与雕刻

总结

原壳结构简单，没有表现出嘴巴结构，凹陷和凸起位置处理得非常简化，塑料玩具感强烈；狭长的嘴形、薄薄的上唇和较长的人中组合使得下面部位颇具年龄感并缺少感情色彩。

塑形方向

通过在原壳的基础上改变比例、曲线、立体感与体积感，来增加小布的真人感、幼态和表情变化，从而提升成品的质感。

下面我们拿出准备好的工具，跟随教程，来"大变活人"吧！

塑形目标

4.8.2 闭嘴唇形设计

用红色 3M 海绵砂纸打磨唇周表面，使铅笔或记号笔容易着色，重新分配唇形占比。

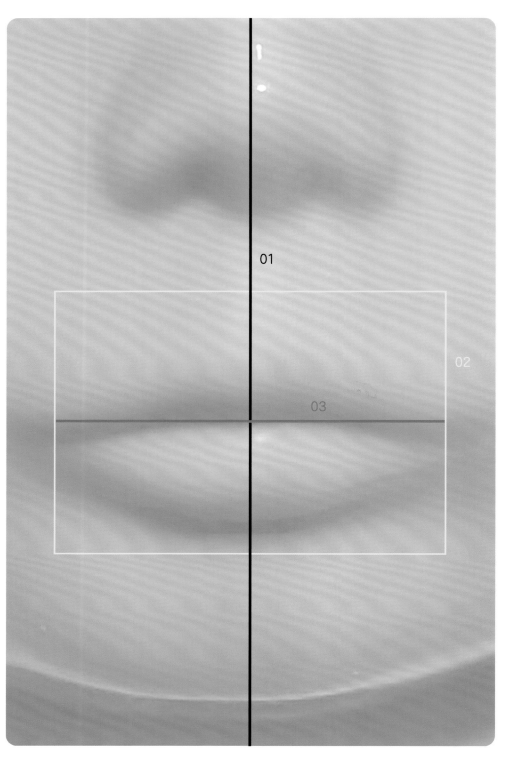

01 用软尺或美纹胶带，以鼻头正中和下巴正中为标记点，连接成线，作为居中参考线。

02 基础款唇形比较安全的长宽比为4:3，以下唇底作为底边，按比例定位嘴巴高度和嘴角长度。

03 横向定位唇缝位置，来分割上下唇的厚度比例。

第 **4** 章 磨改与雕刻

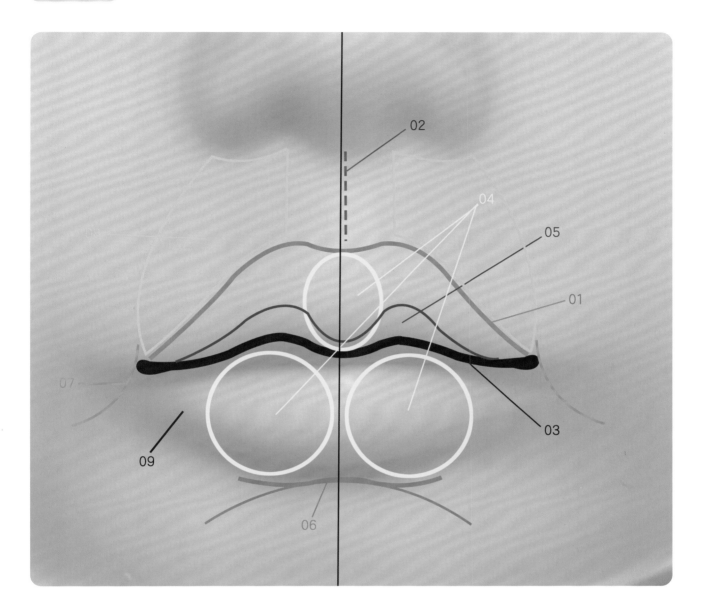

01 提高上唇轮廓，增加上唇体积感，塑造"m"形海鸥唇线，提升唇形的柔美感；强调结构，唇峰间距对应人中宽度。

02 上唇面积提高，分摊原本较长的人中空间，缩短人中比例有助于减龄，增加幼态。

03 唇缝位置尽量改在原有唇缝的位置上方，让给下唇更多面积，打造下唇体积感。唇缝可选择对应上唇"m"形海鸥唇线做"m"形曲线，增加唇形的柔美感，同时强调上唇起伏结构。

04 找出上下三个唇珠的位置，通过唇珠周围的凹陷，来塑造唇珠的凸起饱满感。

05 在唇珠两侧的唇谷位置做凹陷，来凸显唇珠，强调上唇的起伏结构。

06 下唇底部凹陷，对接下巴结构。

07 嘴角边弧，对接两腮结构。

08 上唇外侧法令纹以内结构对接。

09 下唇两侧留肉，塑造柔软肉感。

4.8.3 磨改雕刻实操

磨头对照表和刻刀对照表（见 P049、P050）

（见 P049、P050）

唇缝开槽雕刻

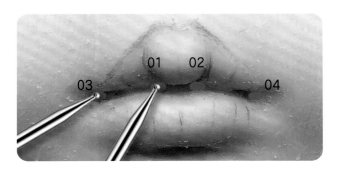

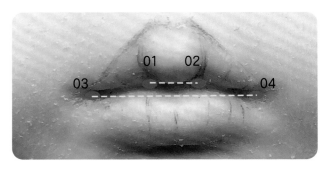

01 嘴巴的磨改雕刻我们一般从唇缝入手。磨头（B2 球头）磨深唇谷下方 01、02 处，磨深嘴角 03、04 处，进行比例定位，唇形更不容易跑偏。这四个点是整条唇缝凹陷最深的部位，以不磨穿为标准，大胆加深——嵌入越深，立体感越强。注意 01、02 唇谷定点水平高度应高于 03、04 嘴角定点，避免四个点处在一条直线上，产生不自然的一字唇缝。

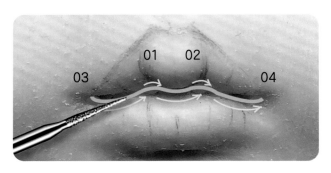

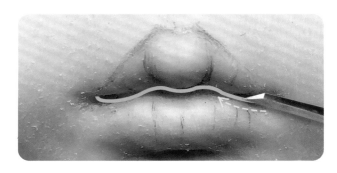

02 磨头（D1 尖针）连接四个定位点做唇缝，沿线稿的"m"形曲线加深进行开槽——开槽越深，立体感越强。唇缝深度可略浅于四个定位点，使整条曲线具有深浅变化的韵律。

03 用刻刀（B7 线刀）雕刻唇缝。刀尖前推，将刀头伸入线槽深处，塑造清晰的线条。

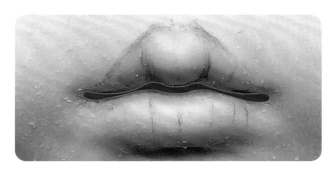

04 用刻刀（B3 双刃尖刀或 A4 尖刀）刮顺唇缝毛糙，顺滑线条。唇缝可适当加宽，塑造的空间感使嘴巴呈自然松弛状；若唇缝窄细，易使嘴巴呈现用力紧闭感。

下唇底部塑形

下唇底部的定位决定下唇的厚度、曲线、体积感，做好唇缝的凹陷以后，我们来打造下唇底部的凹陷吧。

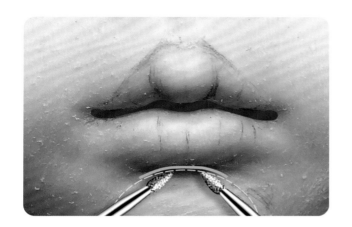

01 磨头（D5 火炬）磨深唇底凹陷，可围绕下巴向下打造弧度，凹陷越深，唇底和下巴的体积感、立体感越强。

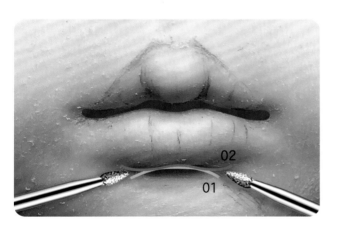

02 磨头（D5 火炬）围绕设计好的下唇边形状向上打造曲线，火炬头的尖端打磨 01、02 轮廓

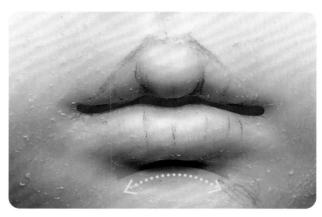

之间的夹角，增强立体感。注意凹陷应内深外浅，两侧逐渐淡出，与外侧结构过渡衔接。

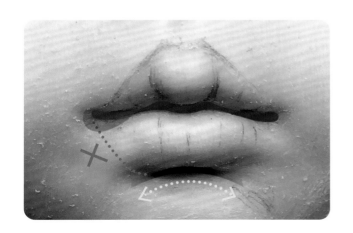

03 下唇侧面避免雕刻轮廓形成闭合体积，唇侧雕刻包围式轮廓会使唇边僵硬，形成肌肉紧张的用力感。可虚化处理此处，留肉，与外侧结构

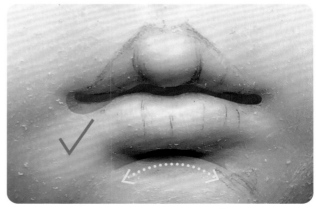

完整连接。这样做出的下唇，肌肉松弛饱满，柔软有肉感，表情自然。下唇侧面边界可等到上色时塑造。

嘴巴内圈塑形

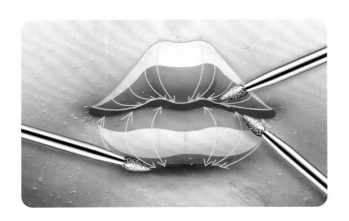 

嘴缝雕刻深入以后，带动嘴巴内圈（蓝色区域）向内陷入，用磨头（D5 火炬）做出向嘴缝倾斜的角度，增加内圈向嘴缝的纵深感，内圈陷入能把体

积高点推至嘴巴外圈（白色区域），更易塑造出嘴巴外唇边轮廓。

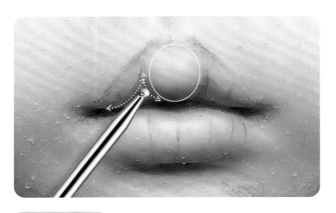 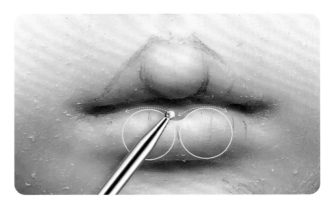

唇谷塑形

磨头（B3 球头）围绕上唇珠两侧三角区域打磨凹陷，使上唇珠更立体，上唇面出现凹陷起伏结构，曲线更加优美。

下唇中塑形

磨头（B3 球头）在两个下唇珠中间区域打磨凹陷，使下唇珠更立体，下唇面出现凹陷起伏结构，曲线更加优美。

嘴巴外圈塑形

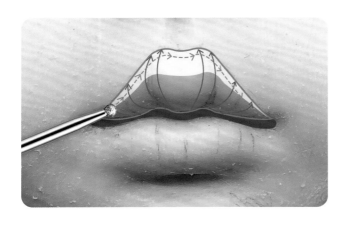

01 嘴巴内圈陷入以后，外圈成为嘴巴高点，用磨头（B5 球头）沿蓝色曲线向上方塑形，然后沿绿色曲线轻扫上唇边"m"形曲线，向外侧挤出唇边。

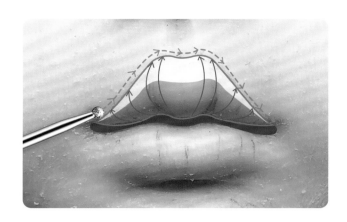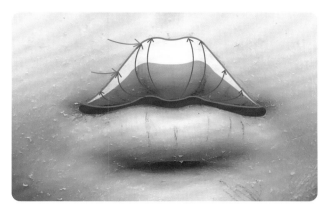

02 如需进一步追求更明显清晰的唇边曲线，可用　续轻扫，向内侧挤压曲线。内外对冲挤压的操作能
磨头（B5 球头）沿唇边外侧绿色曲线方向继　够做出非常清晰的"m"形唇边曲线。

嘴角和腮弧

　　可爱风的小布一般以塑造幼感为主，最主要的表现方式，就是以加深凹陷来增加肉感、打造圆弧来体
现圆润——嘴角和腮弧尤为重要。

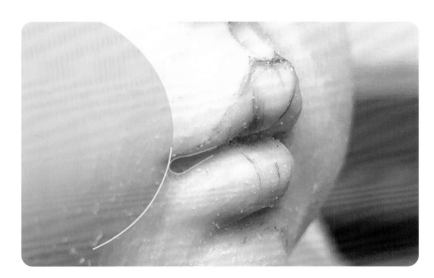

　　关于嘴角，我们一般建议大家做
圆角处理——圆角比尖角更能表现出
柔软圆润的肉感，深深的圆角有助于
增加嘴角的嵌入感。嘴角越深，立体
感越强，肉感也就越强。甜美系的小
布应尽量避免尖锐的夹角，这样使嘴
角变得尖利，产生塑料感。

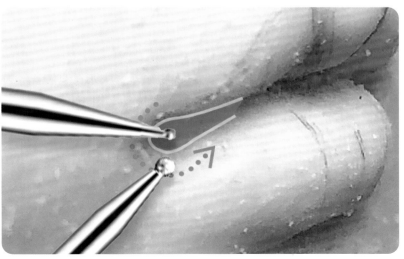

01 磨头（B1 球头）加深嘴角深度，
　　闭嘴的嘴形以不磨穿为标准，
　　越深越好。

02 磨头（B3 球头）围绕嘴角外缘
　　打圈轻扫，柔和过渡到嘴角周围。
　　处理衔接时，以嘴角为圆心，塑
　　造柔和的窝型。

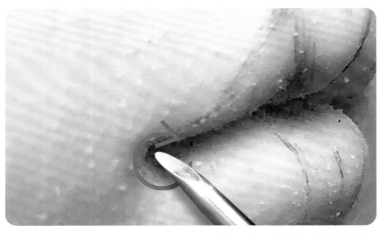

03 刻刀（B4 鼻孔刀）剜转嘴角，精细
修形，进一步处理圆润度。

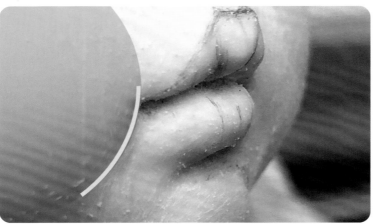

💡 　　腮帮的弧度是塑造嘟嘟脸的
重要元素，是以人类幼崽的面部
形态特征作为参考。腮部通常为
正圆的形态，我们取其中嘴角边
这一段圆弧，紧贴嘴角，强调弧度，
塑造出两腮鼓鼓挤压嘴角的肉感。

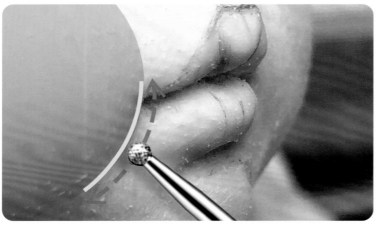

04 磨头（B5 球头）紧贴嘴角沿圆弧线
段画弧打磨凹陷，上端微微探出嘴
角即可，不宜向上方延伸过多，避
免形成法令纹；下端虚化淡出，避
免线条生硬。

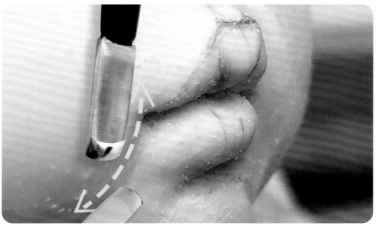

05 刻刀（B9 圆挖刀或 A10 平圆口）
沿弧度刮顺线条，处理表面顺滑度。

4.8.4 小开嘴磨改雕刻实操

定位

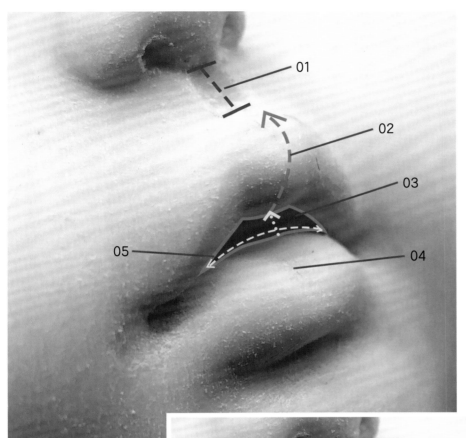

01 缩短人中，让位给上唇。

02 上唇提高，使嘴巴张开。

03 嘴洞随上唇向上方开启，
   占用原本是上唇的位置。

04 保护好下唇体积感，使
   其不被破坏。

05 嘴洞一般为梯形，两侧向
   嘴角方向做出夹角。

第 **4** /章 磨改与雕刻

塑形目标

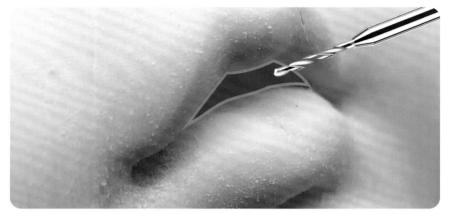

01 使用 2mm 麻花钻，从下唇以上、两个唇谷下方最宽敞的位置分别垂直钻入。注意不要破坏到周围结构，小面积开洞。

02 换磨头（D1 尖针）继续扩展面积，逐渐接近线稿预设的形状。如需安装牙齿，注意开洞需垂直于脸壳，不要斜上或者斜下掏洞，避免正面看不到嘴洞，无法露出牙齿。

03 刻刀（B1 斜刀或 A11 针刀）修形，刻出嘴缝夹角，去除毛边，使线条顺滑。

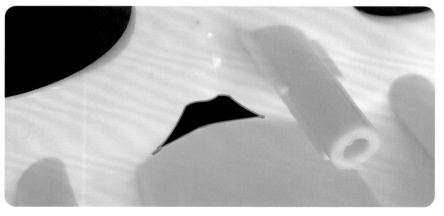

如果开洞位置正确的话，脸壳内部嘴洞的位置应正处于脖卡横梁的上方。

开洞完成后，唇面结构打磨雕刻同闭嘴嘴形操作。

4.8.5 唇纹雕刻

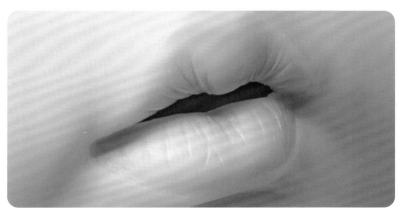

唇纹雕刻在打磨抛光完成之后，属于真人风细节雕刻。适当地添加唇纹，能让嘴巴更逼真，提升质感。

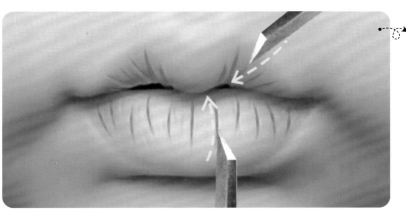

01 理解唇纹分布,画出主线条做好标记，上唇呈放射状，从唇谷凹陷处发出散布线，两侧呈镜像分布。

02 下唇中缝纵向布线，两侧可根据下唇珠圆润度刻画弧度。

03 刻刀（B8 唇纹尖刀组）选择合适的刀尖宽度规格，刀尖前推，刻出唇纹主线条，线条两端做淡出处理。甜美莹润的唇形和唇纹雕刻不宜太深，纹理分布不要求完全对称，线条长短可适当错落，纹理体现自然的生长感。

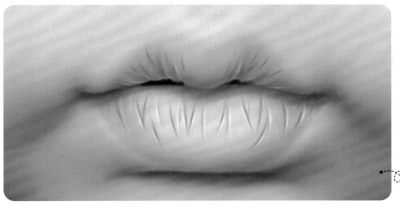

04 刻刀（B8 唇纹尖刀组）选择刀尖比主线条用刀略细的规格，刀尖前推，刻出比较细的唇纹辅助线条，适当增加人字线组合（两根线条一端会合，另一端分开）雕刻辅助纹，不对称分布，增加纹路层次感。

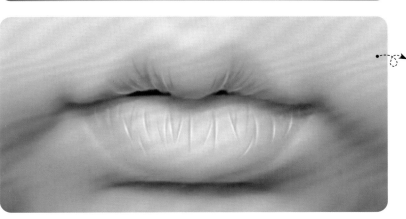

4.8.6 更多嘴形衍生设计

掌握开嘴技能之后，改变嘴洞大小和比例，就能拓展出更多表情的嘴形。

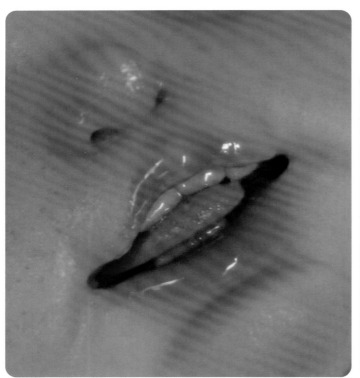

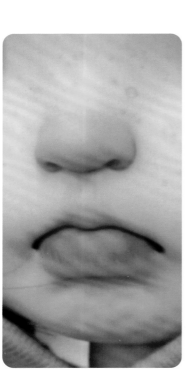

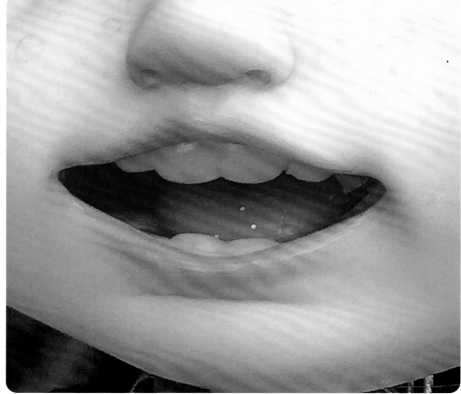

小开心

　　根据开嘴做法，扩大嘴洞的开合，我们将会得到一个小开心的表情。

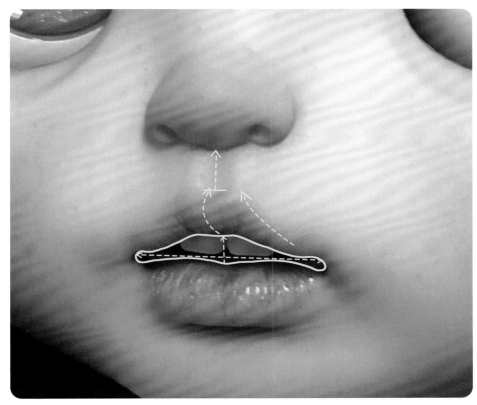

要点提炼：

01 起稿时下唇位置和体积不变，嘴洞向上、左、右三个方向展开，上方开启更高，长度拉长至嘴角。

02 上唇唇珠上启，更多地占用人中面积，实现嘴巴向上开启，给出正面能露出两颗门牙的空间。

03 人中缩短，与鼻底之间更紧凑，形成提起上唇的肌肉联动。

04 嘴角末端微翘，水平位置不超过唇谷高度。

05 如位置得当，背面嘴洞位置应正好处于脖卡横梁上方。

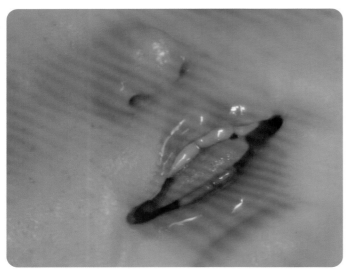

调皮吐舌

　　吐舌的嘴洞空间要求大于小开心，需要容纳上下牙齿和舌头的组合。

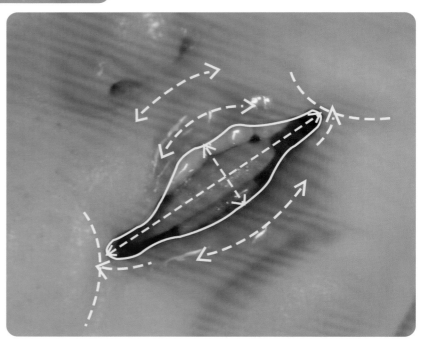

要点提炼：

01　在小开心的基础上，嘴洞开合更大，向上、下、左、右四个方向扩展。

02　嘴角延伸，更加上翘，增加喜悦感。注意嘴角仍然不超过唇谷高度，避免嘴角过分翘起，产生僵硬感。

03　嘴巴开合越大，肌肉越拉伸，唇面应适当减弱起伏结构，唇谷宜平缓，唇珠不宜太过突出，嘴唇不宜厚。
　　可适当减轻上下唇体积感，充分表现肌肉的伸展。

04　唇边曲线应伸展顺畅。可对镜做表情，观察肌肉伸展方向和运动规律。

05　伸展的嘴形皮肤应呈撑开状，宜光滑，不宜雕刻唇纹。

06　肌肉伸展使人中拉平，不宜雕刻过深的人中窝。

07　嘴角伸展与腮肉形成对冲挤压，可加强腮弧立体感，使表情更加生动。

开心大笑

大笑的嘴洞空间要求比吐舌更大，需要容纳上下多颗牙和口腔内牙龈、舌头的组合。

要点提炼：

01 在吐舌的基础上，嘴洞开合更大，向上、下、左、右四个方向扩展。

02 嘴角延伸，更加上翘，增加喜悦感。注意嘴角仍然不超过唇谷高度，避免嘴角翘起太高，使笑容僵硬。

03 嘴巴开合大，肌肉拉伸幅度非常大，唇面应避免起伏结构，可不做唇谷结构和唇珠。嘴唇因拉伸展开变薄，充分表现肌肉的伸展。

04 嘴洞宜呈现饺子形，中间部分应足够圆润。

05 伸展的嘴形皮肤应呈撑开状，宜光滑，不宜雕刻唇纹。

06 肌肉伸展使人中拉平，不宜雕刻过深的人中窝。

07 嘴角伸展与腮肉形成对冲挤压，可加强腮弧的立体感，使表情更加生动。

08 大嘴洞通常会降低下唇位置，破坏到内部脖卡横梁，下唇中间会磨穿。可利用穿洞，插入并固定下牙齿，用树脂黏土制作牙龈进行填补。

小委屈嘟嘴

小委屈的嘴形结构变化较大，与委屈眉眼配套，故事性极强，非常生动。

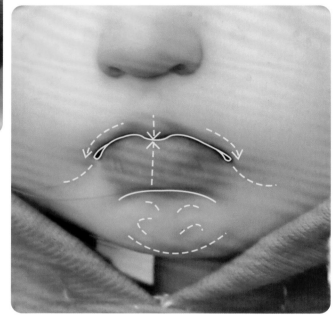

要点提炼：

01 提高唇缝位置，划分出上唇薄、下唇厚的比例，使上唇体积感减弱、下唇体积感加强。

02 唇缝上弓，嘴角下垂，形成用力抿嘴的上下唇对冲感。用力挤压唇缝，唇缝宜细浅。

03 唇底上弓，形成上顶的力量，凹陷可尽量加深，加强力度感。

04 可适当地在下巴部位打磨几个上顶的凹陷窝或半弧，表现下巴的用力感，增加逼真感。

05 可雕刻双下巴的轮廓，表现下巴的用力感，增加逼真感。

06 腮弧降低，与下垂的嘴角呼应，肌肉联动，使结构更加生动。

咬下唇

咬下唇的嘴形可与小委屈眉眼妆容组合出咬唇小委屈表情，或与好奇的眉眼组合出调皮的表情。

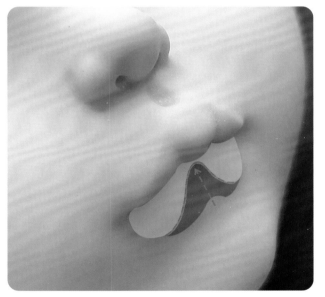

要点提炼：

01 完整雕刻上唇的结构，唇珠适当下压，呈向下用力感。

02 下唇去肉，去除原本的轮廓和体积。

03 下唇两侧保留两个微微凸起的结构，下唇中间部位向上顶出凹陷弧度，呈现向上用力的力度感。

04 着重刻画被上唇珠压住的位置，体现下唇被门牙"咬住"的形态。

4.9.1 结构分析

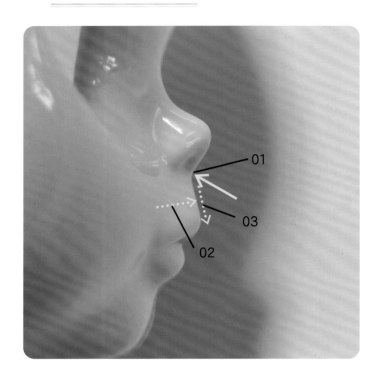

首先我们分析一下原壳的人中形态：

01 人中与鼻底的夹角较浅、较钝，不易体现立体感。

02 凸起较高，显得牙床外凸。

03 曲线直、长度长、角度下压，呈现严肃克制的表情。

4.9.2 磨改方向与实操

鼻子雕刻完成以后，鼻底的弧度会使夹角加深。以夹角深度为标准，用磨头（D5 火炬）去肉，磨改人中与夹角的角度，使人中向夹角倾斜，并适当塑造人中弧度。倾斜角度越大，唇峰高点越显突出。

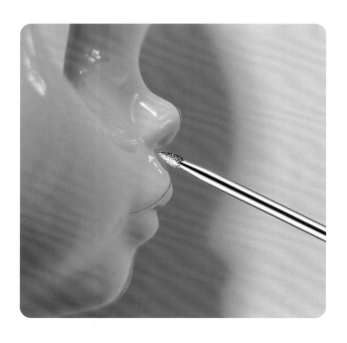

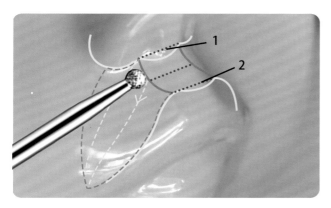

01 鼻柱宽度对接人中上端宽度。

02 唇峰间距宽度决定人中下端宽度。

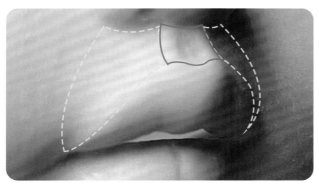

03 磨头（B5球头）打磨人中外部，适当去肉，塑造人中高地。外部去肉越多，人中凹陷越深、越立体；去肉越少，人中越柔和。根据喜好把握打磨分寸即可。

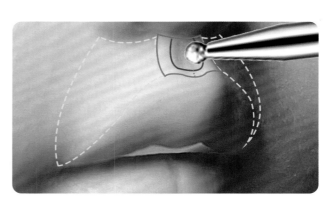

04 磨头（B3球头）打磨人中窝。窝型上缘对接鼻底，使结构更紧凑。下缘与唇峰之间保留1mm—2mm间距，使转折更饱满。

4.9.3 不同窝型的人中雕刻

人中窝型可根据喜好和唇峰宽窄进行设计。

水滴形

要点：球头打磨，窝型上窄下宽，呈水滴状。窝边柔和圆润，给人温柔细腻之感。

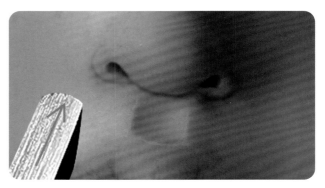

方形

要点：刻刀（B6人中刀）前推雕刻，适用于鼻柱扁宽、唇峰间距较宽的宽型人中。雕刻后轮廓清晰，便于接下来塑形。

4.10 眼部磨改雕刻

4.10.1 眼眶改形产生的气质变化

正如人做表情时，由于眼皮肌肉的运动，能形成不同的眼神，小布眼眶的微调也能使气质产生很大的变化。我们可以对镜观察，根据各种表情，分析眼睛变化产生的不同神情。

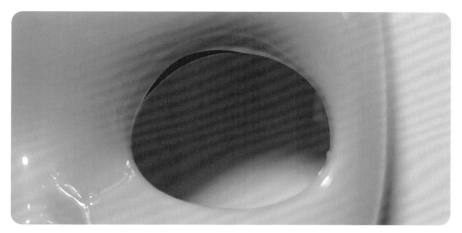

柔情

眼头的上扩可配合抬高的眉头做出期盼的眼神，增加柔情感。

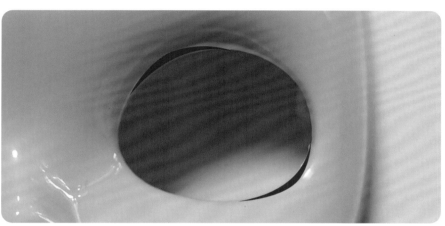

无辜

眼头上抬的同时，雕刻外眼睑，再下拉，就能变化出狗狗眼神态，增加无辜感。注意，非补土眼睑下方只宜微调，不可扩展太大，以免露出过多的下眼架。

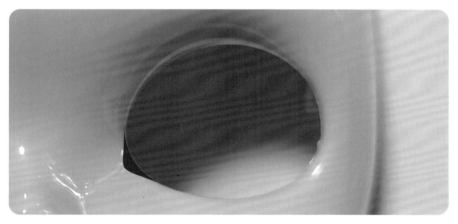

真人风

可根据真人眼睛的结构雕刻内眼角形状，适用于真人风。

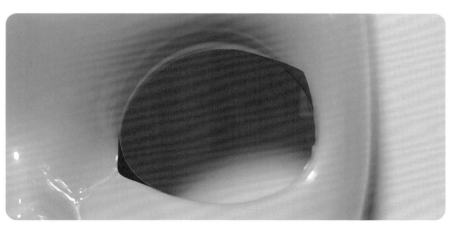

欧美风

内眼角雕刻搭配对角线处的外眼角上提，常用于偏性感的欧美妆和暗黑妆，能增加眼神的犀利感和成熟感。

4.10.2 双眼皮雕刻技法

雕刻双眼皮能增加眼神的深邃感，漂亮的双眼皮可让眼神更加灵动。双眼皮的雕刻可选择流线型雕刻或眼窝型雕刻。

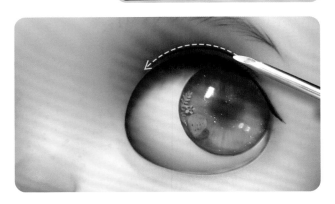

流线型

窄线条：刻刀（B7 线刀或 B8 唇纹尖刀）沿弧线前推，雕刻线条。雕刻力度在中段加深，线条首尾淡出，塑造自然感。

宽线条：刻刀（B4 鼻孔刀）沿弧线前推，雕刻线条。雕刻力度在中段加深，线条首尾淡出，塑造自然感。

眼窝型

01 根据预设的眼窝宽度选择磨头（B 型球头各尺寸）。大面积打磨双眼皮折痕与眼眶边缘之间的位置，形成凹陷。打磨力度在中段加深，窝型首尾淡出，自然过渡。

02 刻刀（B4 鼻孔刀或 B7 线刀或 B8 唇纹尖刀）精细刻画折痕中段，首尾淡出。

4.10.3 双眼皮风格

开扇

眼头窄、眼尾宽的扇形双眼皮能塑造灵气聪慧的眼神。短线型可呈现幼感，长线型可增加妩媚感。

平行

线型与眼眶平行可使眼神柔和秀气。短线型可呈现幼感，长线型可增加妩媚感。

欧式

眼头宽、眼尾窄的款型，宜打磨眼窝，上妆时配合眼影，打造眼睛深邃的立体感。

4.11.1 结构分析

小布原壳脸形较胖,脸颊和下巴整体呈现向外扩张的圆形。通过磨改能改变面部曲线,使脸形更加玲珑有致。

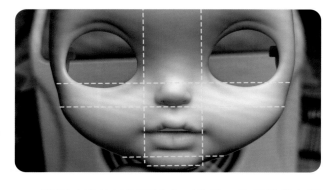
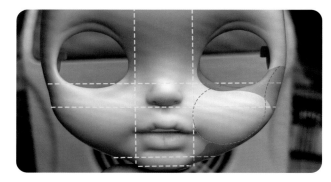

脸形磨改的过程要注意对称性,可用胶带在预设高点和转折位置做好定位,把控好磨改范围。

脸形磨改常作用于泪沟、面颊、下巴三个区域。

4.11.2 泪沟磨改

泪沟磨改,可让眼眶与面颊之间多出一个转折面,增加脸部细节,塑造凹陷结构,使苹果肌更加有轮廓感,也更加饱满。

磨头（B5 球头）在眼眶下方画弧打磨去肉,打造凹陷区域。注意两端过渡淡出,从凹陷向凸起的转折应过渡圆润,避免出现硬边。

4.11.3 面颊磨改

面颊磨改可使原壳颧弓内收，高点推至苹果肌，使侧面与正面面颊曲线更加柔美有型。

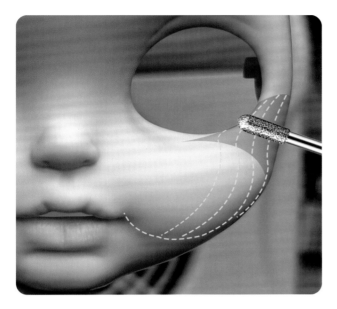

磨头（C6 圆头圆柱）横拿，上下磨改去肉，打造图示范围正面、3/4 侧面、侧面凹陷面。注意与上下结构柔和的过渡衔接，避免形成突兀的结构断层。

4.11.4 下巴磨改

下巴侧弧内收，能让原壳腮弧高点上提，提高腮帮位置，使脸更紧致有型，同时使下巴变得小巧可爱，轮廓清晰。

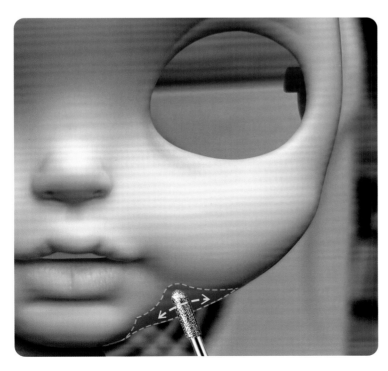

磨头（C6 圆头圆柱）左右磨改去肉，打造图示范围正面、3/4 侧面、侧面凹陷面。注意与上、下、左、右结构柔和的过渡衔接，避免形成突兀的结构断层。

4.12.1 磨痕处理

磨改后的打磨抛光，是上妆前非常重要的工作，在整个改妆过程中耗时占比很大，需要一定的耐心。而了解正确的打磨步骤，掌握打磨技巧，能够事半功倍。

脸壳结构改变较多的磨改，会出现多处比较粗的磨痕，用刻刀刮顺粗痕后再进行打磨会比直接打磨省时省力。

4.12.2 打磨工具

海绵砂纸

3M 海绵砂纸因其独有的柔韧性，在大面积打磨时不易破坏已经建立好的结构，也可剪裁成不同形状使用，更易贴合面部曲线和转折。

3M 海绵砂纸按照红、蓝、绿的顺序目数越来越高，按照颜色顺序，从粗到细地处理磨痕。

水磨砂纸

　　水磨砂纸目数分类更多，可剪裁、折叠打磨海绵砂纸深入不到的细节部位，喷水使用更加省力，并且具有防尘的效果。

打磨条

　　握持更省力，适合用于大面积去肉部位的找平。

打磨膏

精细打磨完成后，可用软布或牙刷蘸取打磨膏进行全脸最后的打磨，或对缝隙、唇纹进行打磨。

4.12.3 打磨步骤

01 刻刀找平、磨机去肉产生坑洼以后，用红色 3M 海绵砂纸进行大面积打磨。

02 卷曲裁好的小面积红色海绵砂纸，打磨鼻梁、脸颊、下巴等曲线位置。

03 用裁切好尖角的小面积红色海绵砂纸，按结构走向打磨泪沟、人中、嘴巴、唇周、腮弧等小转折。注意围绕曲线结构打磨，不要用力单向打磨，避免破坏结构。

第 **4** 章 磨改与雕刻

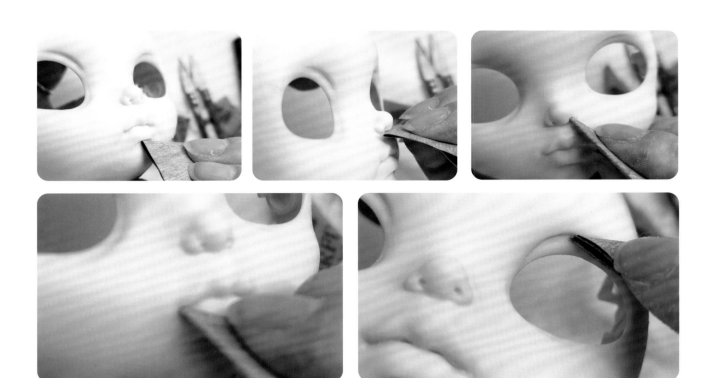

04 裁切水磨砂纸，按磨痕程度选择400—600目砂纸，对折或折角，打磨海绵砂纸够不到的转折、转角位置。

05 打磨条打磨去肉较多、需要打磨力度较大的位置。

06 逐层递增砂纸目数，由粗到细重复以上操作，直至肉眼看不到磨痕。

07 美甲打磨条抛光，对光检查，如有细纹，退回上一层再打磨，直至完全光滑。

08 如需雕刻唇纹，应在最后一层抛光后雕刻。纹路可用绿色海绵砂纸纵向打磨，或用牙刷蘸取打磨膏打磨。

避雷：打磨工作非常耗时耗力，需要足够的耐心。细痕不会在消光环节被填平，会在上妆环节造成明显卡粉。为了妆面的美观，细致打磨直到表面完美是必需的步骤。

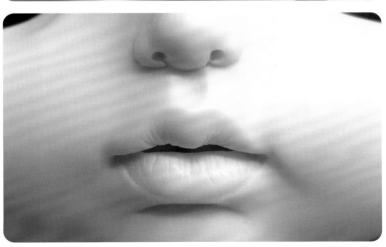

4.13.1 原理与作用

消光常喷涂于模型表面，起到消除光泽的作用，使表面看上去不会太过发亮，更真实，比较有肌体感，另外还能起到保护表漆和贴纸的作用。

消光用于小布脸壳，可形成亚光质感的表面，使色粉与颜料的附着力增加。每层妆面之间喷涂消光，还能隔离上一层妆面，使其不被下一层妆面所破坏，起到保护作用，并能在妆面完成后作为封层，保护妆面、手绘、贴纸。

4.13.2 型号的选择

油性消光具备防水的特性，在妆面蘸水修改、擦除时不受影响；挥发快，适量喷涂不会溶妆，后期能较长久地保护妆面不受温度和湿度的影响。

4.13.3 操作技法与防护

操作

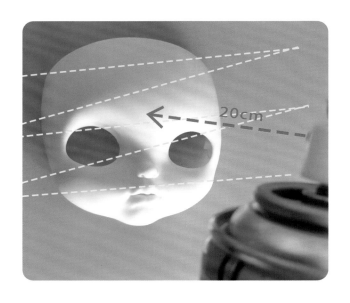

01 充分摇晃罐体一分钟，或计数 100 下，并立即使用。

02 喷嘴垂直于脸壳，间距 20cm，呈 "Z" 字形喷涂。第一下不要直击脸壳，当以来回的方式喷涂。

03 脸壳表面呈水光状态即可，不可一次喷涂太厚，不然易堆积或泛白；如需厚喷，可在第一层干透之后再次叠加。

04 根据不同的空气湿度，消光干透需 30—60 分钟，彻底干透之后呈亚光状态。

防护

  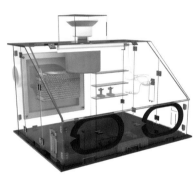

　　消光漆与大部分化工产品一样，具有一定的甲醛和毒性，不宜在室内喷涂，需选择通风良好的户外或楼梯间作业，并佩戴防毒面具、手套，避免吸入和与皮肤接触。如在室内喷涂，需准备喷涂箱。

4.13.4 常见问题与解决方案

01 **泛白**——空气湿度过大或单次喷涂过厚，挥发不良，会产生表面泛白，需避免阴雨天气喷涂消光。

02 **颗粒感**——消光没有充分摇匀或距离过近或过远喷涂，易产生不均匀的颗粒，影响上色。

03 **不易上色**——大多发生于消光没干透或喷涂太薄的情况下，应检查表面是否存在反光，是否全面覆盖。

04 **灰尘**——喷涂和晾干过程中表面如落有灰尘或毛絮，不要马上处理，可在干透后再用针尖轻轻地挑掉。

第 5 章 化妆术全解析

面部磨改雕刻以后，妆师用绘画材料和工具给小布娃娃绘制美丽的妆容，通过色彩搭配和点线面的运用，让她们拥有独一无二的"彩妆"：或甜美，或古典，或性感，或酷飒……

通过这一章的学习，没有美术基础的小可爱们也能掌握上妆要领！

5.1 化妆术全解析

上妆刷——蘸取色粉上色及渲染

拉线笔——线条绘制

面相笔——细节及图案绘制

美甲光疗笔——光固化材料、立体图案塑型

色粉——色彩渲染

颜彩——线条、图案绘制

丙烯颜料——眼皮、后脑图案绘制

水溶彩铅——线条、图案绘制

光油——打造高光

肌理凝胶 + 海绵——塑造真人风皮肤颗粒感

5.2 根据主题设计妆面

5.2.1 妆面风格分类

甜美系

　　甜美系改妆是最为常见的改妆风格，比如我们在磨改篇介绍的小开嘴、小开心、小委屈、小嘟嘴等都属于甜美系妆容，甜美系小布通常表情丰富生动，或文静，或活泼。妆感自然，应用率非常高。

古典风

　　妆面绘画感较强，妆师和娃妈通常喜欢搭配重工的古典服装及配饰，呈现出古典雅致的油画感。

欧美风

欧美系妆容常见于海外妆师制作的小布中，妆面偏重成熟冷艳，搭配时尚的服装及配饰，呈现出潮流感，时尚大气，是部分娃妈非常偏爱的风格。

暗黑系

故事感极强的暗黑妆，妆师通常会撰写人物小传，或作为暗黑系影视动漫的角色扮演，运用绘画、特殊肌理、补土塑形等手法，配合道具实现人物特征，呈现出十足的艺术感和创意，令人惊艳。

真人风

在以上风格基础上加入真人肌理——雀斑、血丝、青筋等细节和更逼真的毛发线条，更细致地雕刻唇纹细节，采用超级写实的画风打造真人效果。许多娃妈钟爱的白化妆也是真人风的一种。

5.2.2 色调搭配

我们所看到的优秀作品，每个妆面都不是由单一颜色组成的。不同色彩在不同位置的应用，能使妆面产生丰富的层次感。上妆时既要使配色有层次，又要避免出现色彩斑斓的大花脸，这就需要我们对色调搭配有一定的概念。

5.2.2.1 冷暖色应用

冷暖色调能呈现出不同的美感。在开始上妆前，我们首先应根据主题进行定调，判断一下预设的主题是适合活泼热烈的暖色调，还是静怡优雅或酷飒冷艳的冷色调。

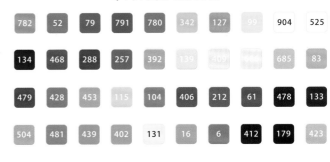

申内利尔人像40色

782	52	79	791	780	342	127	99	904	525
134	468	288	257	392	139	409		685	83
479	428	453	115	104	406	212	61	478	133
504	481	439	402	131	16	6	412	179	423

342	83	780	6	61

左面是比较典型的暖色妆面，我们来看一下它们的选色：

黄、橙、红、棕，暖调妆面打造生动鲜活感，能呈现出皮肤的健康红润。

139	685	52	406	479

左面是比较典型的冷色妆面，我们来看一下它们的选色：

蓝、粉、紫红、灰，冷调妆面打造静怡的优雅感，能呈现出神秘沉静的气质。

5.2.2.2 邻近色的选用

要把控全脸妆面的协调性，邻近色的选用非常重要，比如上述配色黄、橙、红、棕的暖调妆面中都带有较多的黄色色值，一起出现时就会相互呼应，非常和谐。而把橙色替换成黄色色值很少的紫色，就会使整个妆面有违和的跳脱感。这也是我们黄种人选用紫色口红很难产生美感的原因。

在妆面中选用色值相近的颜色也是比较微妙的，我们来对比一个细节：5.2.2.1 两个妆面的腮红属于色值较为接近的颜色。

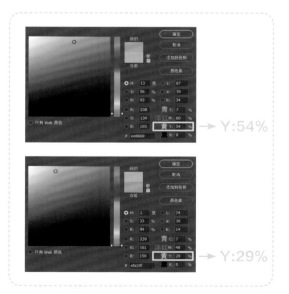

在色谱上它们都处在暖色区，但把它们放在一起对比我们会发现：#83 偏橘色，黄色值占比较多，相对较暖，较适用于橘棕调的暖色系妆面；#685 偏粉色，黄色值占比较少，相对较冷，较适用于粉紫调的冷色系妆面。如果反过来使用，可能分别在妆面整体色调中跳脱，出现不协调的感觉。

综上所述，色值接近的色彩，冷暖在于对比，是一个相对较冷、较暖的范畴。在选用邻近色时，我们应用上面的对比法挑选色号就不容易出错。

白肌 / 超白肌

相当于真人冷白皮，妆面配色非常自由，显色度高，可按上一章的色彩搭配原理自由创作。

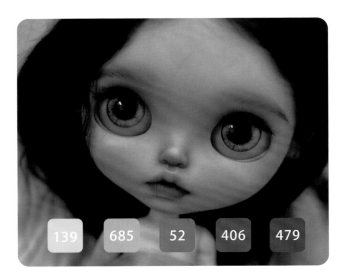

139　685　52　406　479

342　83　780　6　61

83　127　780　791　406

普肌

　　普肌较接近亚洲人的肤色，相对于白肌、超白肌，显色略弱，可选用暖色系，适当增加色彩的饱和度，提升显色度。

黑肌

　　黑肌显色度低，非常考验色彩的应用，宜选用饱和度较高的色彩打造妆面——珠光色色粉打造高光，深棕、深紫、黑色打造阴影。蓝紫色系在黑肌上通常能产生高级感，塑造出神秘性感的妆面质感。

　　为了更好地呈现色彩，我们下面为大家完整演示一例白肌暖色真人风妆面。

423　782　52　+　257　478

5.3 面部分层上妆实操

消光过后进入上妆过程，妆面会分层渲染，每层完成之后进行一遍消光加以保护，使下一层妆面的修改更自由，不会破坏到上层妆面，这样逐渐分层添加细节以达到完妆效果。

5.3.1 底妆——面部肤色渲染

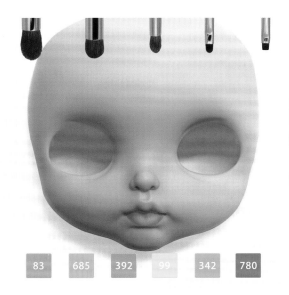

第一层妆面，主要渲染皮肤原本的颜色，预设冷暖色调，打造自然无妆的裸肤气色。

| 83 | 685 | 392 | 99 | 342 | 780 |

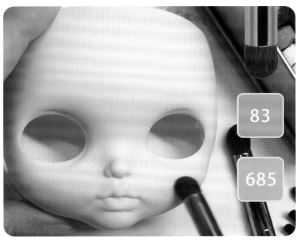

01 中号圆头刷蘸取色粉 #83+#685，在面巾纸上调和颜色并去除过多色粉，在腮部最高点范围打圈上色，第一层妆面需控制颜色饱和度，打造皮肤底色即可。预设暖色系妆容可偏重 #83 色，冷色系妆容可偏重 #685 色 。

02 干净的大号晕染刷打圈晕染上色位置，使色彩边缘淡出，自然过渡到四周，并扫除飞粉，压实颜色；用后及时用面巾纸清洁毛刷，避免下个位置混色使妆面显脏。该手法运用于后面每一层每一个位置的色彩晕染，既能避免单层过多飞粉造成的粗糙颗粒感，又能控制单层的饱和度，并压实色粉不浮于表面。此步骤后面不再赘述。

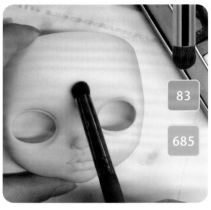

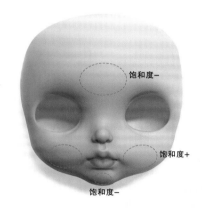

03 中号圆头刷蘸取色粉 #83+#685 调和，在下巴、额头部位打圈上色并进行晕染。色彩饱和度略低于两腮位置，呈现出色彩饱和的主次关系。

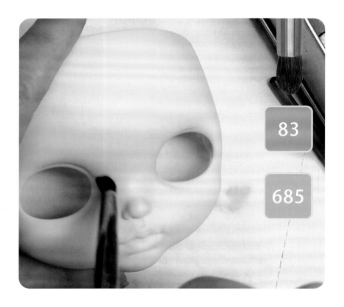

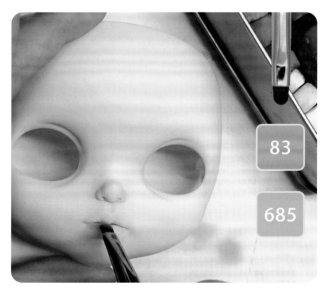

04 小号圆头刷蘸取色粉 #83+#685 调和，在眼窝双眼皮褶皱、眼皮内眼角、外眼角处进行上色并晕染，有助于突出眼眶，提升气色，增加情绪感。

05 舌形细节刷蘸取色粉 #83+#685 调和，从唇缝内部向外纵向运笔上色，渲染嘴唇底色。

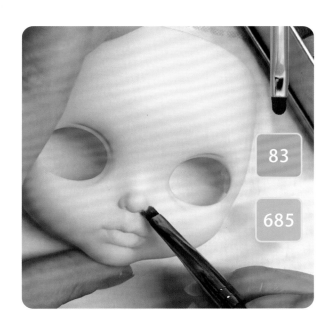

06 舌形细节刷蘸取色粉 #83 +#685 调和，渲染鼻底部位与鼻翼色彩。

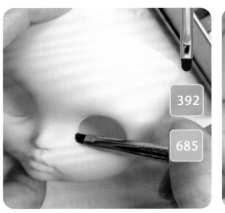  

07 舌形细节刷蘸取色粉 #392+#685 调和出淡淡的青紫色，渲染眼底泪沟处；中号圆头刷取相同颜色渲染眉骨高点，可打造出真人风妆面中皮肤薄透处皮下血管泛青的效果，从而提升皮肤透明感，令皮肤显得吹弹可破；小区域冷暖对比可增加妆面色彩层次感。冷色色粉不宜显色，可在后面的妆层叠加上色，增加饱和度。

  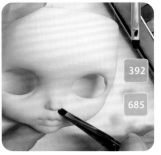 

08 舌形细节刷蘸取色粉 #392+#685 调和，在人中、人中两侧至法令纹区域、嘴角、唇底与下巴高点之间区域细致上色，原理同上。

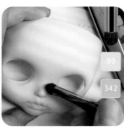

09 中号圆头刷蘸取色粉 #99+#342 调和，打造皮肤接受阳光的光源区域的高光感，如眉弓位置、颧骨上方、鼻梁、泪沟下方面颊、下巴两侧。带有柠檬黄的色值，在暖色系中属于相对较冷的颜色，不仅能带入光源的环境色，更能提升皮肤透明度与鲜活感，并与腮部、额头的色调形成对比，增加妆面层次感。冷色系妆容高光区域可用青白色、浅蓝色、浅紫色、闪粉等冷光源环境色代替。

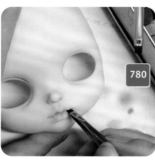

10 平头细节刷蘸取色粉 #780，在嘴洞深处、唇谷、下唇中心凹陷、嘴角处做暗部细节渲染，压低凹陷处明度，从而凸显出上下三个唇珠的立体感。

至此，第一层肤色的底妆完成，进行消光保护底妆。消光会在一定程度上增加妆面的饱和度，第一层底妆饱和度需注意分寸，为下一步能增加妆面层次留好空间。

5.3.2 第二层妆——色彩层次提升

782　61　392　406

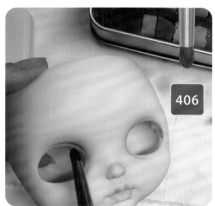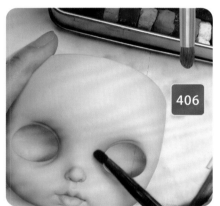

01　小号圆头刷蘸取色粉 #406 渲染眼窝，增加深邃感，中段挑高处颜色最深，两端逐渐淡出，晕染处理渐变效果，加强层次感。不可依赖单层堆积色粉加深，易出现颗粒感，使妆容显脏，可在每层消光后重复叠色加深暗部。

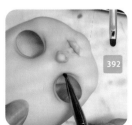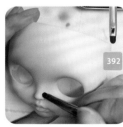

02　舌形细节刷蘸取色粉 #392，于泪沟、鼻翼上方、人中及两侧、唇底与下巴高点之间区域进行叠色，进一步增加色彩饱和度，提升皮肤透明感。

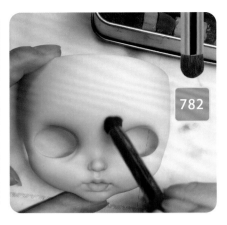

03 中号圆头刷蘸取色粉 #782，小面积集中加深两腮、下巴、额头红晕的中心位置，提升局部饱和度和色彩层次。

04 平头细节刷蘸取色粉 #782，加深嘴巴凹陷位置，统一色调，增加立体感。

05 平头细节刷蘸取色粉 #61，画出眉毛的大体形状，渲染底色，可用软尺定位左右水平位置找对称。渲染手法为眉头处最为浅淡，向眉尾逐渐加深，眉头至眉尾中间呈现渐变过渡，轮廓宜虚化。眉形设计与定位应在此处完成，为下一层绘制眉毛线条走向打底。

至此，第二层肤色底妆完成，进行消光保护底妆，使其不为下一层擦改所破坏。

5.3.3 眉形变化解析

小布的眉形变化可以牵动整个面部表情的动态变化，对整个娃娃的气质、情绪、风格有至关重要的影响，眉头、眉中、眉峰、眉尾、眉弓的每一个曲线和位置的高低变动，都能拓展出一个不同的眉形。

常见设计举例说明：

01 短粗眉形——短而粗，眉尾较钝，左右眉间距较大，符合婴幼儿眉毛特征，因此常应用于强调幼感的妆效。

02 细长眉形——细而长，眉尾伸展（不超过太阳穴），眉形会比较灵秀柔美，易呈现少女感。

03 眉毛水平位置整体降低——缩短眉眼间距使得
表情沉静，眼神深邃，气质成熟神秘。

04 眉头上抬，眉尾下落——表情显得好奇及天真，
比较减龄，是甜美款小布最常用的眉形之一。

05 眉头下压，眉峰上挑，眉弓弧度起伏较大——
欧美风常见眉形，气质酷飒、性感、成熟。

06 眉头上挑，眉峰至眉尾下落——小委屈常用眉
形，波浪状的曲线变化生动地呈现纠结感，使
小布显得楚楚可怜。

　　观察以上眉形长短、曲线变化的规律，加以不同风格的双眼皮和眼眶的磨改组合，即可掌握改变人物神情
变化的规律，拓展出小布千变万化的生动表情。

5.3.4 线条练习方案

线条常用于细节刻画，非常重要，是展现作者绘画功力的重要方面。新手可以通过线条练习激活手感，克服手抖和拉线、运笔不畅的问题。

下面给新手作者提供一套简单的线条练习方案：

01 **手腕激活**：纸上练习，悬腕持握铅笔，手掌不与纸面接触，指关节不动，依靠手腕的转动，大量连续画圈。目的在于激活手腕灵活性，形成肌肉记忆。

02 **指关节激活**：手掌支撑纸面，铅笔向各方向密集排线。目的在于激活手指关节灵活性，形成肌肉记忆。

03 **拉线练习**：加水调和颜彩，用拉线笔在消光后的脑壳上练习拉线。短线条运用腕力，手指、手臂稳住不动；长线条手臂运动，手指、手腕稳住不动。

04 **线条标准**：争取画出两端尖、中间粗的线条，目光放在线条结尾处，不要盯住落笔处。

 新手绘制线条可先选用水溶彩铅，简单易操作；拉线熟练后可用拉线笔＋颜彩绘制线条，颜色更均匀饱满。

5.3.5 第三层妆——线条刻画

5.3.5.1 眼线

眼线可根据预设的妆感的浓淡选色，一般以黑色与棕色居多。白化妆可用粉色眼线表现真人感特质，暗黑装、脑洞妆可根据灵感选色或选用金属色。

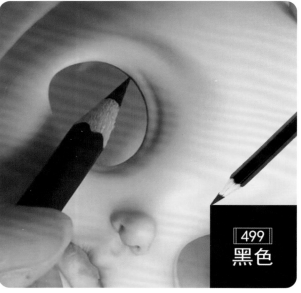

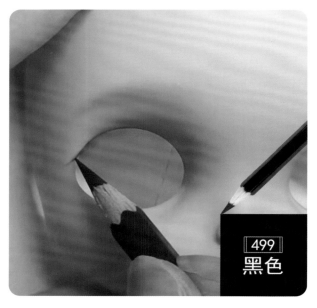

01 黑色水溶彩 #499 笔锋侧面沿眼眶内侧填充内眼线。

02 用笔尖细致地画出外眼线。线条宜细不宜粗，不小心画出可用棉签蘸水擦改。

03 笔尖在眼尾处拖出线条，末端宜尖细。不同预设的娃的眼尾画法有所不同：温柔宜下垂，伶俐宜上翘，古典可加长，暗黑可加粗，强调幼感亦可不画眼尾。

5.3.5.2 双眼皮

双眼皮看似是简单的一根线条，却需要画出虚实关系。颜色深浅过渡，才能体现层次感，一根线条勾到底的画法是不提倡的。

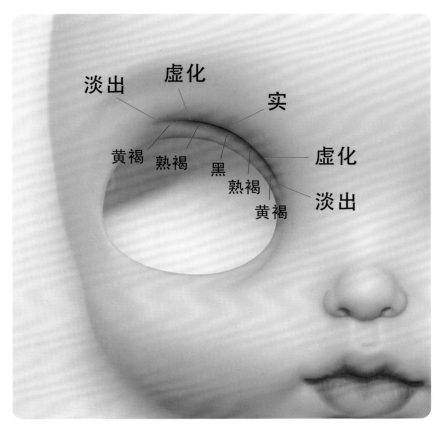

无论哪种形态的双眼皮，折痕的挑高位置都是眼皮上抬的发力位置，重睑褶皱最深，可作为颜色最深处，用褐色或深棕色等颜色强调。

从挑高位置向线条两边用熟褐 #476、黄褐色 #487 进行过渡，线条首尾淡出。这样绘出的线条过渡自然，更能体现光影感，显得眼神深邃。

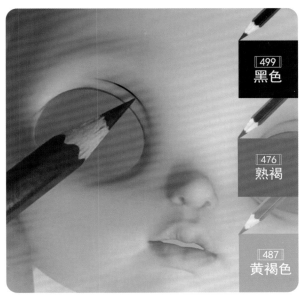

5.3.5.3 睫毛

根据预设风格和个人喜好，可选择是否绘制下睫毛增加妆容细节。下面介绍一种简单易学的睫毛画法。

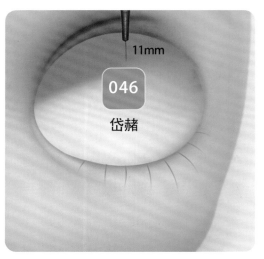

01 11mm 拉线笔蘸水调和颜彩 #046，在眼眶下外侧拉线绘制主线条。主线条可间隔较大，等距分布，中间线条长，两侧线条渐短。

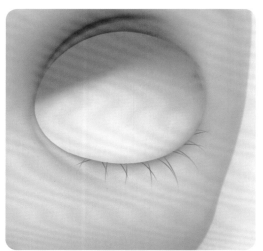

02 主线旁边加入线条组成人字线或交叉线。

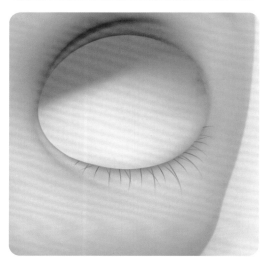

03 短线填空，增加睫毛密度。

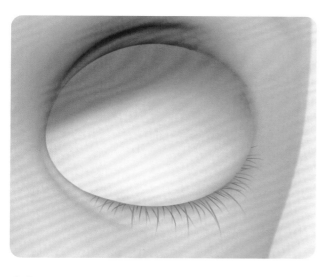 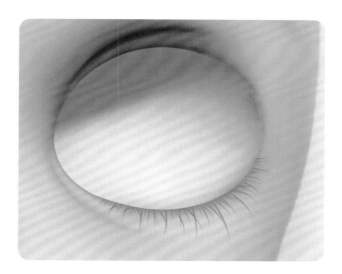

04 更多短线不规则填空或交叉，布线可稍凌乱，体现出生长感。

 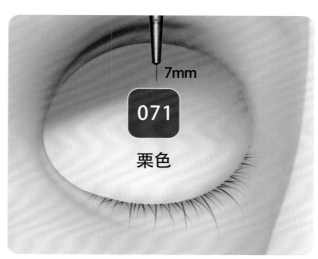

7mm

071

栗色

05 使用 7mm 拉线笔蘸水调和颜彩 #071 加深线条根部，使线条由深到浅渐变，增加层次变化。

 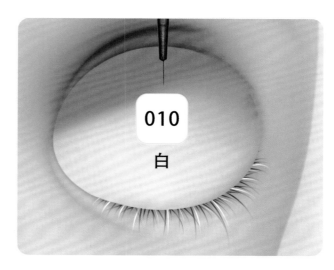

010

白

06 颜彩 #010 插空增加白色线条提高光，增加层次变化。

5.3.5.4 眉毛

眉毛的线条排列和走向非常重要，很多同学认为画眉毛是个难题，其实只要把线条分组、分层，整理好思路，难题就会迎刃而解。本节我们会解析眉毛拉线技法与层次感塑造，以及怎样运用布线方位表现眉毛的走向。

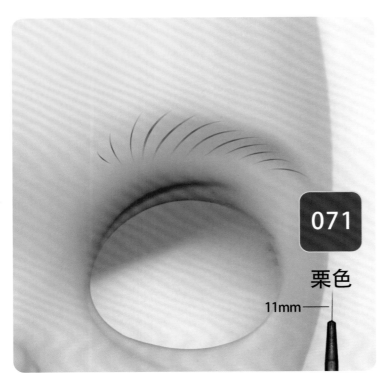

071

栗色

11mm —

01 我们在上一层画好底色的眉形内，预计画 12 根主线条作为骨架。

工具：

11mm 拉线笔、颜彩 #071 栗色

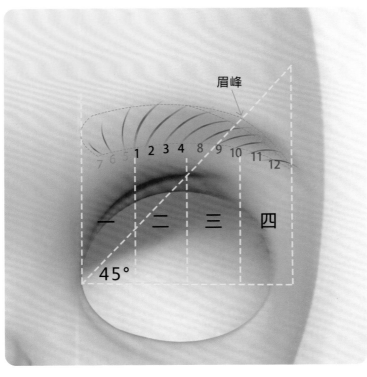

眉峰

7 6 5 1 2 3 4 8 9 10 11 12

一 二 三 四

45°

02 将眉毛长度分成四等份：

★ 线条 1、2、3、4 在第二段分区内向后方画弧拉出，一根比一根倒向后方。

★ 线条 5、6、7 在第一段内拉出，一根比一根向前竖起。

★ 线条 8、9、10、11、12 放在第三和第四段分区，上方适当留白，一根比一根渐短，倒向眉尾。

★ 如图以 45° 角辅助线定位眉峰位置。

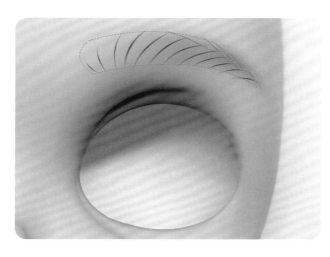
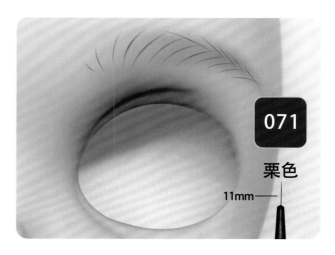

071

栗色

11mm

03 从眉毛第三段分区开始，斜下拉弧线，与下方线条交集或交织。眉峰位置为最高点。

工具：11mm 拉线笔、颜彩 #071 栗色

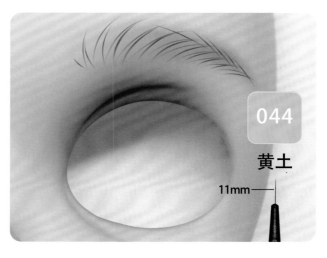

044

黄土

11mm

04 主线条前方增加一根辅线条，末端与主线汇集组成人字线，颜色浅于主线条，体现主次关系。

工具：11mm 拉线笔、颜彩 #044 黄土

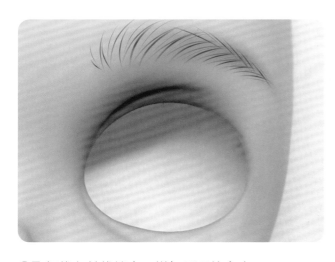
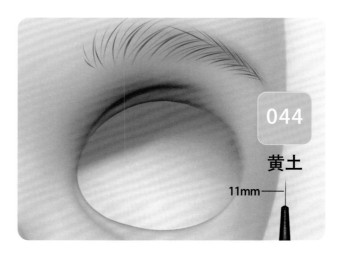

044

黄土

11mm

05 细线条单线填空，增加眉毛的密度。

工具：11mm 拉线笔、颜彩 #044 黄土

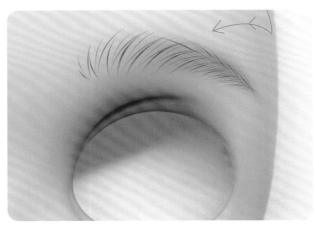 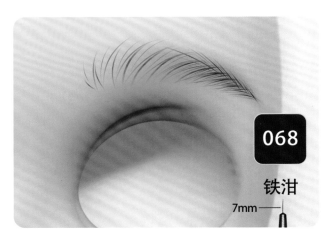

068

铁泔

7mm

06 眉腰至眉尾线条，用深色从上下线条汇集处向外拉线，加深层次，增强聚拢感。

工具：7mm 拉线笔、颜彩 #068 铁泔

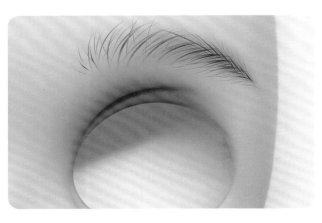 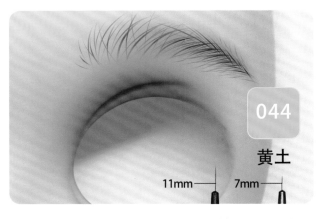

044

黄土

11mm   7mm

07 如需体现野生眉效果，眉头至眉腰可继续逆向添加浅细杂毛，稍显凌乱生长感，眉弓处和眉尾上部顺
向加适量细毛。

工具：长线用 11mm 拉线笔、短线用 7mm 拉线笔

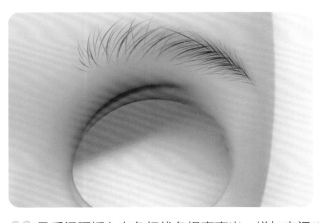 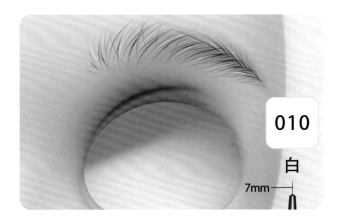

010

白

7mm

08 最后间隔插入白色细线条提高高光，增加空间感和层次感。

工具：7mm 拉线笔、颜彩 #010 白

　　以上为基础眉形绘制过程，结合 5.3.3 眉形变化解析内容，变换眉形骨架、线条组合方式、眉毛走向、线
条颜色就能扩展出不同气质的眉形和妆效。

经过 4.8.5 唇纹雕刻和前两层嘴巴上妆后，嘴巴呈现下图效果：

喜欢幼嫩莹润的唇妆的改娃师，可以在此阶段结束操作步骤，也可按个人喜好用水溶彩铅继续添加唇纹，增加层次感。彩铅的颗粒感接近皮肤质感，使纹理更丰富逼真，能绘制出类似于红富士苹果表面的纹理感。

01 根据唇珠的颜色，如肉粉色、淡粉色、淡橘色等色彩，找到彩铅中相应的色号，在唇面上顺唇纹方向添加线条，画出底层纹理。

02 根据唇纹处最深的颜色，如大红、深红、玫红、紫色、咖色等色彩，在唇谷、下唇、唇角等凹陷处添加深色线条，叠加唇纹，加深层次。

03 用白色或浅肉色彩铅在嘴唇高点凸起位置加高光线条。浅色彩铅在消光之后会被吃色，变得不太明显，可用颜彩再次细勾几根白色高光提层次。

唇纹完成并消光以后，会呈现亚光唇效果。可按照个人喜好，选择是否用水性亮油封层做亮光唇釉效果，或用肌理凝胶做出带有肌理效果的半亚光唇。

章节总结：线条层完成以后，基础的妆面就完成了，可叠加两到三遍消光封层完妆。如需继续刻画真人感肌理，让我们一起学习下一节。

5.4 真人感面部肌理

5.4.1 绘制雀斑、点痣，打造妆感层次

用斑点塑造微瑕是增加面部妆感层次的常用手法，逼真的皮肤细节能够让小布面部摆脱塑料感，常用于真人风轻肌理妆容。为增加逼真度，我们会分层操作，制造有深浅色差的斑点。

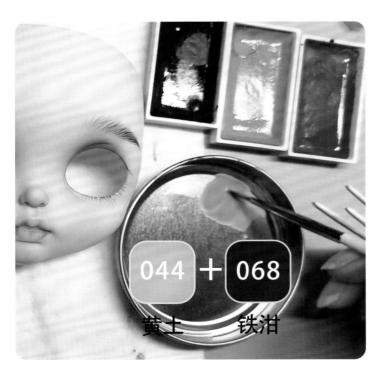

01 第一层浅色斑点，可根据眼影中浅色位置选色，使得色彩有呼应，面部色调统一。如图，用水调和颜彩 #044 黄土，加入少量 #068 铁泔，调出眼影尾部颜色备用。

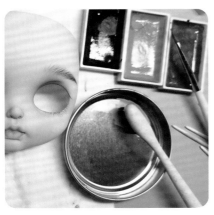

02 软毛牙刷均匀蘸取颜彩，用手指或牙签拨动刷毛，喷溅到接受阳光直射容易产生斑点的面颊和鼻梁位置，不想被溅到的位置可用面巾纸遮挡。

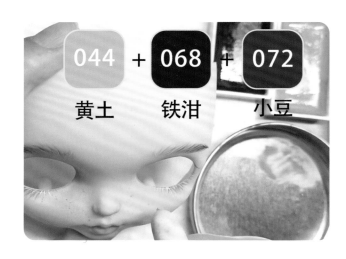

044 + 068 + 072

黄土　铁泔　小豆

03 观察斑点分布密度，需要去掉的斑点趁湿用面巾纸吸除，剩余保留的斑点。待半干，用面巾纸轻轻按压，吸除过于饱和的颜色，让斑点呈现半透明状态，妆感可更加自然。

04 在上一层调好的颜彩中加入一点 #072 小豆，调和出与眼影深色部位相近的色彩，少量喷溅色彩更深一度的第二层斑点，与上一层斑点形成深浅对比，增加层次感，并用面巾纸进行吸色处理。

如需点痣，可用面相笔蘸取第二层调和好的颜彩，点在设定好的位置，无须吸色处理。

5.4.2 绘制血丝、血管，提升细节

绘制血丝、血管，可打造出皮肤吹弹可破的透明感，增加真人风妆面的逼真度。

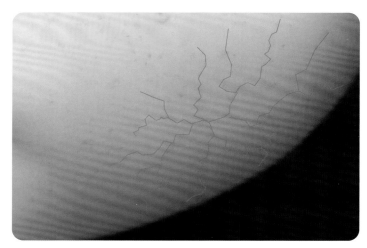

01 选取与唇纹颜色接近的水溶彩铅，如深肉粉色或大红色，在腮红中心处画雷击纹，从中间向四周呈放射状延伸。主线条上可继续画出血丝分支，笔触需轻，似有若无地接触脸壳。画线条时可轻抖笔尖，画出的雷击纹会更有虚实变化。

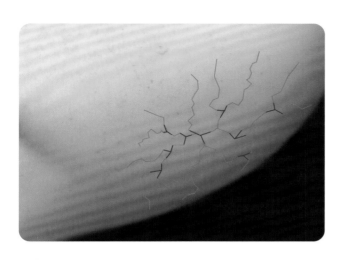 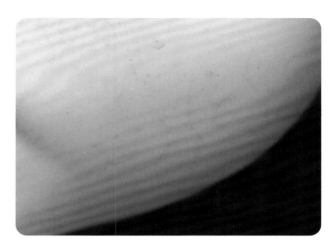

02 用紫色水溶彩铅在血管交集处强调局部血丝，增加层次感。完成之后可用擦擦克林轻轻按压，或用棉棒轻轻滚动，压实颜色，去除颗粒感，融合出血丝的皮下朦胧感。

03 平头细节刷蘸取色粉 #392，从眼尾出发，画雷击纹，途经太阳穴斜向上延伸，可分支出一条到两条血管向外发散。

 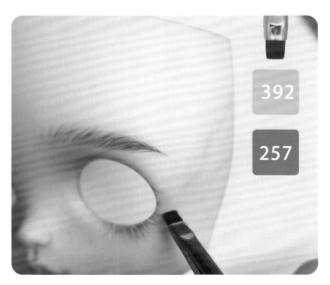

04 平头细节刷蘸取色粉 #257，强调血管汇集处和转折部位，完成之后用擦擦克林轻轻按压，压实色粉，去除飞粉，打造皮下朦胧感。

5.4.3 肌理凝胶塑造真人皮肤质感

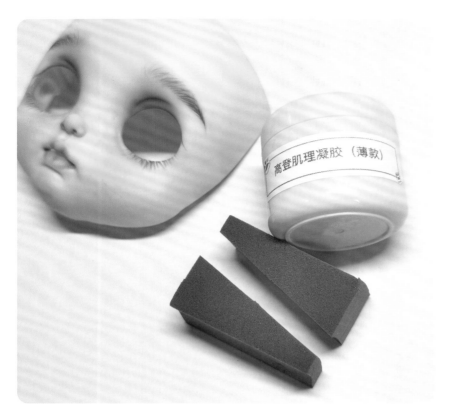

01 准备好高登薄款肌理凝胶和海绵。肌理的粗细取决于海绵的粗细程度，可根据喜好选择细孔海绵或使用裁切后的美妆蛋。关闭门窗或在打磨箱这种密闭空间中操作，减少空气流通带来的飞尘毛絮。

02 用海绵蘸取少量肌理凝胶，分区拍打局部。凝胶起干较快，需在凝胶起干之前迅速完成一个区域，再延伸至下一个区域。随时观察肌理光泽，凝胶的亮光开始减弱时说明凝胶正在变干，需停止拍打，防止起白屑。

03 拍胶过程中如发现表面粘有毛絮灰尘，需在肌理凝胶干透之前用刀尖挑除，如等干透成膜之后处理，容易破坏肌理表面。

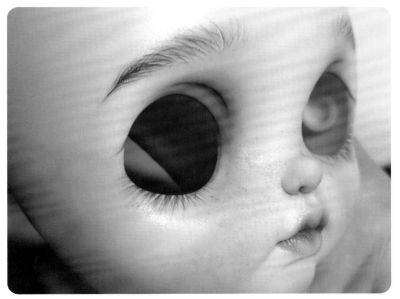

04 拍胶宜薄不宜厚。薄薄的一层肌理凝胶干透之后会完全透明，不会遮挡线条、血丝、血管等面部细节。

05 肌理凝胶干透之后呈现不同程度的光泽，一般为亮光状态。如要追求全亚光质感，可在肌理凝胶干透后薄喷一层消光，也可勤加练习，掌握规律，在肌理凝胶刚刚起干、亮光减弱的阶段，在想要的光泽下停止拍胶，塑造出最为逼真的半亚光状态的健康皮肤光泽。

　　开嘴型小布的妆面完成之后，可根据嘴洞大小制作牙舌，安装口腔配件，使小布的细节更加逼真生动。

塑形材料：树脂黏土（红色、白色）。

　　优点：材料易购，手感佳，韧性佳，材料性质稳定，易塑形，无须烘烤，自然风干，不易干裂变形。

　　缺点：固化较快，需快速完成制作。

小贴士：树脂黏土固化快，易干燥，每次开封取出后需立刻包好密封储存。可购买多套小分装，防止因密封不当，造成整块固化影响下次使用的情况。

制作过程：

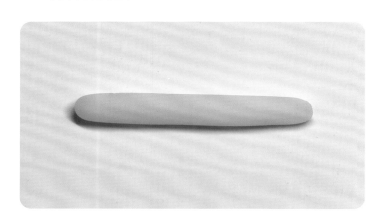

01 取适量白色树脂黏土，揉搓成想要的牙齿宽度的长条状。

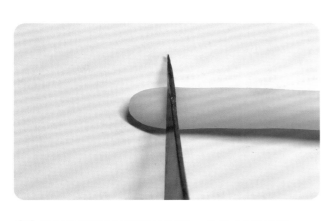 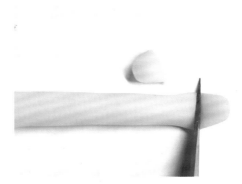

02 笔刀切下长条两端的圆头，作为门牙备用。

03 将门牙按扁，初步调整形状。按个人喜好调整圆角锐度，放置固化备用。

 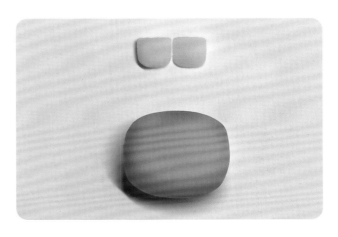

04 取图片比例的红色与白色树脂黏土，混合为牙龈的粉色，快速塑形为方圆形。

05 快速用形状合适的刻刀、开眼刀等工具，在底边按压做出门牙凹槽。

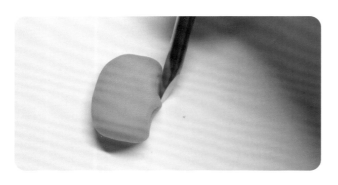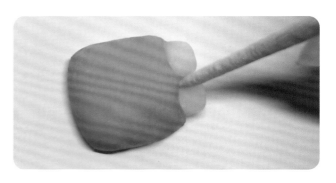

06 快速用带有弧面的刻刀等合适的工具调整正面牙龈的弧度。

07 向牙龈中插入已固化的牙齿，捏扁牙龈，使其夹住牙齿，并用牙签棉棒调整细节。

08 固化前用笔刀切除多余牙龈，使其形状更易安装至脸壳嘴洞的空间。

09 固化后涂光油增加牙齿釉面和牙龈的黏膜感。

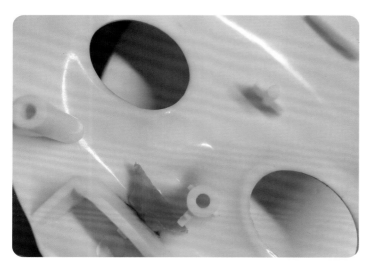

10 光油干后，用镊子将牙龈和牙齿放入脸壳内部的嘴洞空间，观察正面效果，调整至合适位置，点502胶固定即可。

11 较大嘴洞可根据空间增加牙龈长度和牙齿数量，下牙以同样方式制作固定。针对空间较大的嘴形，同样可用制作牙龈的方法塑形，将小舌头放置嘴洞中。如果用肌理凝胶制作舌头的肌理，还可使效果更加逼真。

眼皮和后脑的设计，在整个改娃工程中是非常点睛的一步。将主题融入绘画创作中，不仅起到装饰作用，还能够展现人物的故事性，升华主题，让改妆后的小布具有灵魂。

工具：

消光 / 色粉 / 水溶彩铅 / 画笔 / 颜彩 / 丙烯 / 亮油 / 甲油胶 /UV 灯

01 设计：眼皮与后脑通常选择同一个主题，前后呼应，增强故事性。题材与画风可自由选择。

02 消光：眼皮直接进行消光；后脑根据画幅可选择是否打磨掉凸起的文字，如需打磨，按 4.12 的打磨顺序操作，然后消光。

03 绘画：水溶彩铅起线稿，根据不同的画风和预设的画面效果，选择用水溶彩铅、颜彩、丙烯进行填色或渲染。

04 装饰：没有绘画基础的小可爱们可以选择美甲贴纸设计装饰，然后进行封层保护。需注意眼皮装饰不可使用立体贴纸，以免增加厚度，阻碍闭眼。

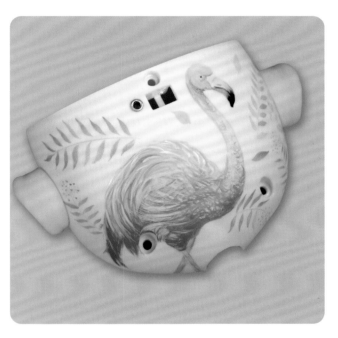

05 封层：亚光效果可直接用消光封层，保护画面。如需亮面效果可喷涂亮光模型漆，也可选择消光后局部覆盖亮油，用甲油胶钢化封层或照 UV 灯进行封层。需注意眼皮封层不可堆叠太厚，以免阻碍闭眼。

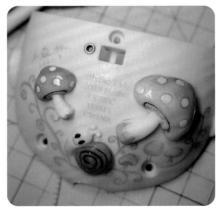

06 立体浮雕：利用补土在后脑创作立体浮雕装饰，更可增加后脑趣味性。塑形衔接牢固后消光，再涂色并进行手绘。

第 6 章 素体选择与加固

为了解锁更多姿态，增加可动性，娃妈通常会给小布更换有更多关节
结构的素体，下面我们来看一下它们的种类和选择方案。

小布体——小布盒娃自带素体，各部位尺寸适配小布盒娃服装配饰，上手有一定重量感，质感良好，能很好地承受小布头部的重量。小布体有 7 个关节，手臂不可弯折，膝盖有隐藏的两段弯折挡。许多娃妈觉得小布体能摆出的姿态有一定局限，可玩性不高，通常会选择更换有更多关节的素体，解锁玩法。

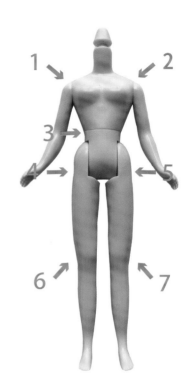

AZONE 体——AZONE 6 分女体一代 S 体和 XS 体，是小布娃妈比较常用的素体。AZONE 体上手有一定重量感，手感良好，全身有 20 个机械关节，可动性远高于小布体。一代体腰部关节简单，结构稳固，不塌腰。S 体体型较饱满，较适合喜欢圆润可爱素体的娃妈；XS 体瘦小纤细，较适合偏爱幼态素体的娃妈。这两种体型还分为三个肤色，适配不同肤色的小布。AZONE 体还可更换手组，解锁出更生动的姿态和丰富的肢体语言。

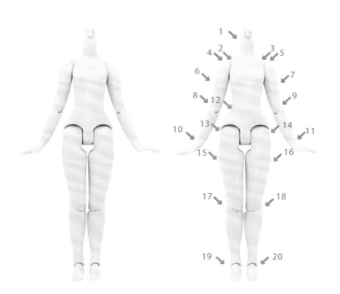

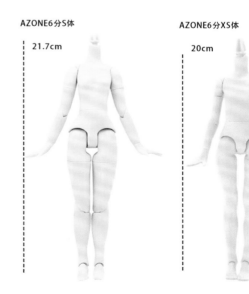

AZONE 6 分 S 体　21.7cm

AZONE 6 分 XS 体　20cm

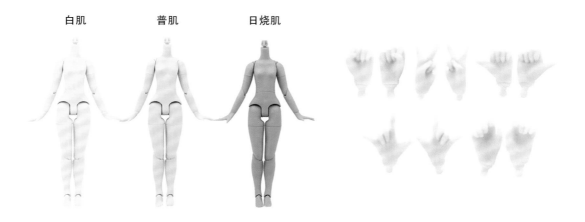

白肌　　　普肌　　　日烧肌

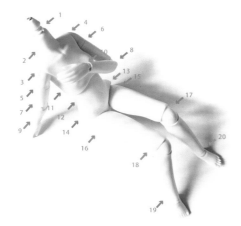

OB 体 ——小布改娃近些年最常用的主流素体，体型较 AZONE 体更为纤细柔美，有 20 个可动机械关节，活动比 AZONE 体更加自由，可解锁难度更大的姿势，比如小鸟坐、抱膝坐等复杂姿势，深受娃妈喜爱。

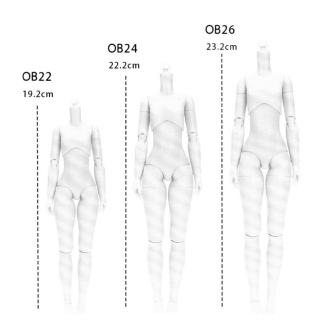

OB22
19.2cm

OB24
22.2cm

OB26
23.2cm

小布改娃常用的 OB 体按尺寸分为 OB22、OB24、OB26，身高和部件比例大小按数字递增。

★ OB22 常用于比较幼态的改娃主题，身材幼小，小手小脚，非常可爱，适配其尺寸的娃衣较少，通常需要定制。

★ OB24 应用最广，体态偏少女，因市场保有数量高，娃衣最为易购、通用率最高。

★ OB26 身材高挑，适用于成熟性感气质的改娃主题，适配娃衣较少，通常需要定制。

身材分为 S、M、L 三个胸型，可根据不同主题设定选用。肤色分为白肌和普肌，分别适配于小布白肌与普肌。手组可以更换，能解锁出更生动的姿态和丰富的肢体语言。

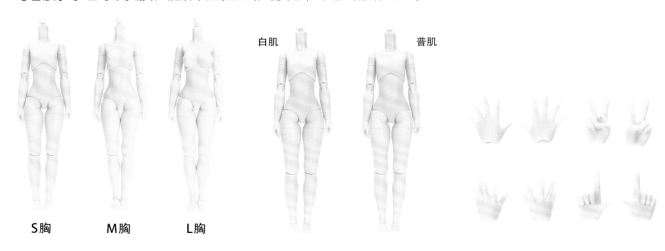

白肌　　　　　　　普肌

S 胸　　　　M 胸　　　　L 胸

前面说到拥有多关节体的小布，身体更为灵活，姿态优美，但这也造成支撑部位与关节易松动的问题。为了让身体能更好地承受小布较重的大脑袋，避免断脖、折腰、关节过松或脱落，我们下面就来学习怎样对应用最多的 OB 体进行加固。

6.2 素体加固

6.2.1 脖子加固

01 用螺丝刀卸开素体脖子顶端的螺丝，取下固定帽，从肩关节拔出两侧胳膊。

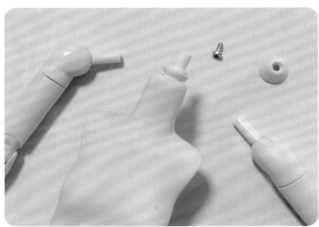

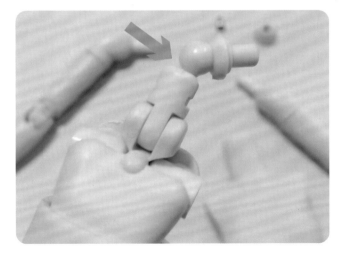

向上拔出胸部软胶外壳后，可见脖颈内部结构。球体下关节可动，用于连接小布的头部。此处因难以承受过重的头部，经常断脖，所以是 OB 体加固最首要的部位。

02 取水晶土适量，泡进 100℃的开水中，待水晶土受热变透明，使用工具将其全部取出，等稍降温再塑形，避免烫伤。

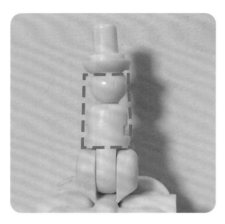  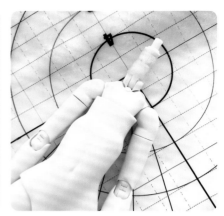

03 按照图中所示的范围高度，将软化后的水晶土塑形为等高的扁条状，包裹到标示的位置。在水晶土冷却固化之前迅速塑形，避免表面凹凸不平，导致外壳变形。柱体不宜过粗，以防阻碍软壳套回。

 水晶土冷却固化后呈现白色，非常坚固，如需返工修改，可再次浸泡到开水中令水晶土受热软化，待变至透明剥除即可。

6.2.2 腰部加固

拔出素体胸部和腰部关节组件，把所有可见螺丝拧紧加固，使其不易弯折。

依照脖子加固步骤，用水晶土将腰部关节包裹加固。所有螺丝需包裹在内。

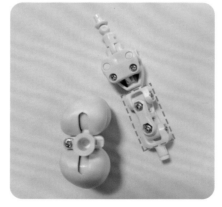 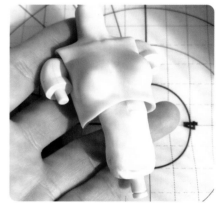

6.2.3 关节加固

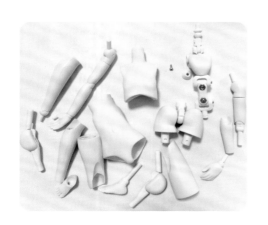

素体关节采用插装组合，每个关节拔出后可见关节柱体。因每个素体的出厂差异，各关节存在松紧不一的现象，素体经常使用的关节，日后也可能出现更易松动或脱落的现象。

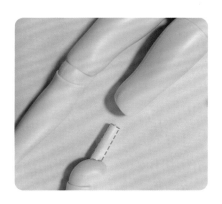

在关节柱上涂抹一层薄薄的牛头白胶，使柱体风干后直径稍粗，插回槽内即可增加摩擦力，增强关节紧固性。

6.2.4 脖卡加固

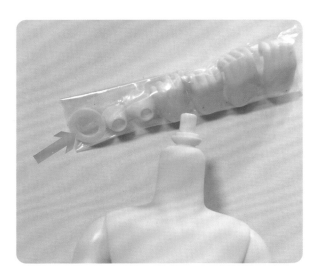

NBL 娃型需用脖卡连接头身，为防止脖卡松动导致头部晃动，可使用素体自带配件中的垫圈进行加固。

将垫圈套到脖子根部，再在如图方向套上脖卡，将固定帽扣回到顶端，拧紧螺丝。垫圈增加的高度会将脖卡夹得更紧实，拧紧螺丝后非常稳固。

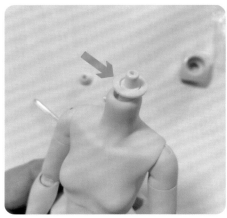

脖卡尖端卡进后脑卡槽，再将前脸壳卡到脖卡前端，前后壳合缝卡紧，头身连接就完成了。

第7章 小布眼片制作

小布的两副正眼片、两副侧眼片切换的时候眼波流转，非常灵动。许多妆师十分沉迷于钻研小布眼片的制作。滴胶钻眼、真人风雕刻、3D立体眼纹、流沙眼片……种类繁多，各放异彩。这一章我们将为大家介绍市面上最为流行的眼纹雕刻操作流程和新手最易操作的3D眼托的应用。

眼片研究所所长：小红书 -@ 爱玩吐司君

Blythe 资深玩家，小布眼片重度发烧友，不务正业的潮玩设计师

吐司说：

"十多年前还在美院读书时，第一次接触到 Blythe 小布，从此开启了新世界大门，走上了美妙与治愈的神奇之旅。整个过程收获了太多爱，是内心的投射用一种具象形式舒缓地表达出来，是对生命无限热忱的真挚演绎。

Blythe 的可玩性非常高，DIY 部分涉及方方面面，其中我最喜欢的就是'眼睛'。可变换的眼睛是 Blythe 的灵魂，我尽可能发挥创造力让每个娃娃都'活起来'。所以我很快就不满足于单一的平面绘制，希望能有一个工具帮助我实现更复杂的创意，像 BJD 一样拥有立体的纹理，可以加入更多元素。2018 年'吐司底托'诞生，我第一次把'底托'的概念带入大众视野，它算是我人生中第一个'小发明'，也从最初的自娱自乐到推广给了更多娃友。"

工具介绍

UV 胶

UV 胶：透明黏稠质地，是眼片制作重要的定型剂、黏合剂，需要 UV 灯进行固化。

品牌推荐：PADICO（帕蒂格）星の雫 UV 树脂滴胶。

UV 灯

UV 灯：选择 80W—120W 的 UV 美甲灯，最好为 LED 灯珠，易于照干软陶及 UV 胶。

UV 专用封层液：修复表面划痕、抗击紫外线黄化问题，让眼片更加透亮，经久耐用。

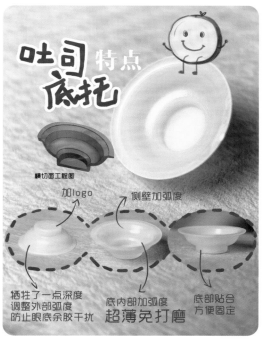

吐司底托：小布眼片的制作容器，外形类似小碗，"承托"所有瞳孔元素，为新手省去了制作眼片底托的难点，制作步骤简化；形状与贡丸、眼片的凹槽完美吻合，可与多种材质混搭，使用方便，是眼片 DIY 创作的经典耗材，利于小白玩家迅速上手，推荐新手选用。

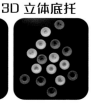

3D 立体底托：在吐司底托的基础上延伸出的进阶产品，自带立体纹理，省去雕刻眼纹的程序，可直接上色，有多种款式可选，省时、省钱、省力。

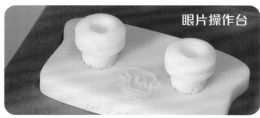

眼片操作台：吐司君独家设计的固定轴心的眼片操作台，方便新手玩家雕刻眼纹时匀速旋转，解决受力不均的问题，方便后续滴弧操作。

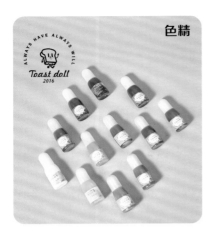
色精

色精：液体油性染料，可与 UV 胶结合使用，充分混合后呈半透明状，是眼片上色的重要工具，多种颜色可相互调和。

色粉

色粉：干粉颜料，用小刷子薄涂上色，不能直接溶解，需要用 UV 胶固色。

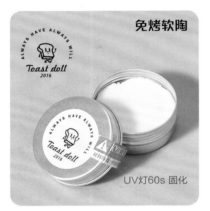
免烤软陶

UV灯60s 固化

免烤软陶：半透明质地的光固化材料。可自由雕刻纹理，与普通软陶融合后可以免去烘烤步骤，只需照 UV 灯，短时间内就可硬化定型。

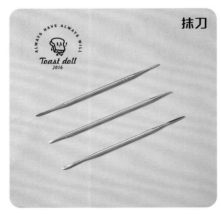
抹刀

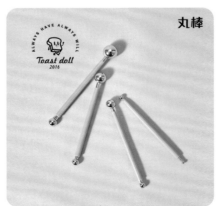
丸棒

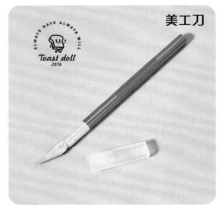
美工刀

雕刻工具：抹刀、丸棒、美工刀均为雕刻工具，可以帮助大家雕刻、按压出立体、仿真的眼纹纹理。

mini 棉棒

上色刷

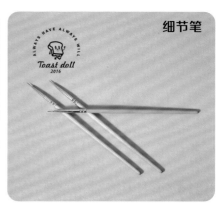

细节笔

上色工具：mini 棉棒、上色刷、细节笔均为上色工具，大小和使用力度不同，能帮助大家根据不同颜料
进行上色、描绘细节及图案。

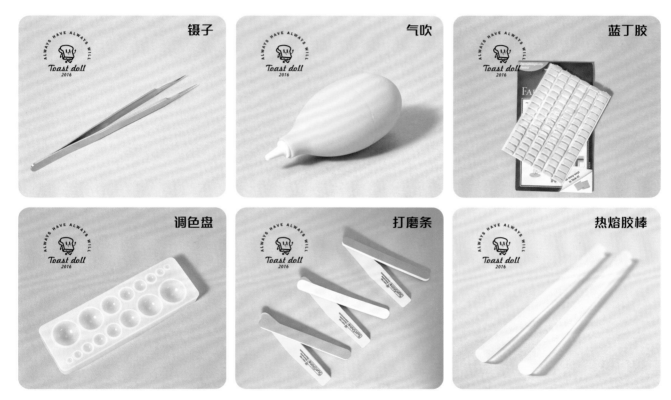

镊子　　　气吹　　　蓝丁胶

调色盘　　　打磨条　　　热熔胶棒

其他工具：镊子、气吹、蓝丁胶、调色盘、打磨条、热熔胶棒可辅助眼片制作，具体作用参考案例。

装饰材料

装饰材料：小钻石、小水晶、小干花、小金属装饰片、各种闪粉、
美甲贴纸、3D 打印小装饰，可根据不同主题进行添加。

01 准备工具（吐司操作台 + 吐司底托）， 在操作台内加入少量蓝丁胶会更加稳固。

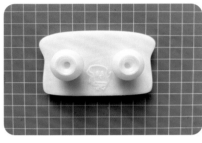

02 把吐司底托放入操作台，按压至水平（在侧面检查一下）。

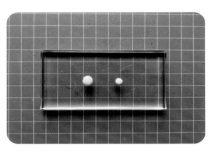

03 准备软陶，其中免烤软陶与普通白色软陶的比例为 6:4。

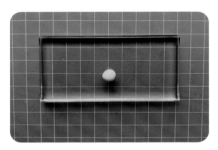

04 将软陶充分混合至黄豆大小。

05 将软陶一分为二，搓成圆球放入眼托中。

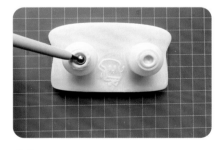

06 利用丸棒工具，把软陶均匀地按压好，防止空气进入。

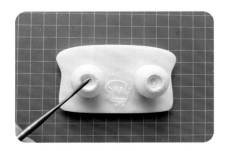

07 利用抹刀工具把软陶按压平整，使其更加紧实。

08 旋转操作头，利用刀笔工具在表面雕刻出基础纹理，丸棒按压中间的圆形虹膜。

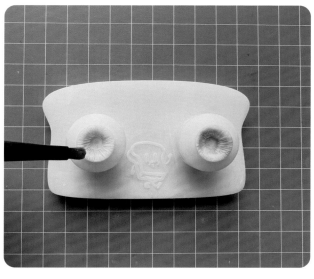

09 准备上色刷，蘸取色粉进行第一层着色。

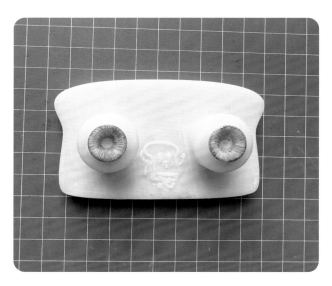
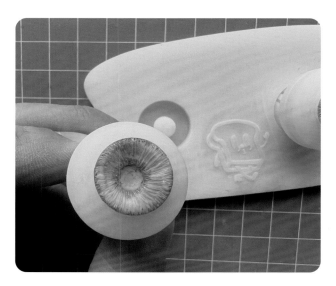

10 继续蘸取色粉进行第二层着色，可以从瞳孔处开始晕染并刷 UV 胶固色。

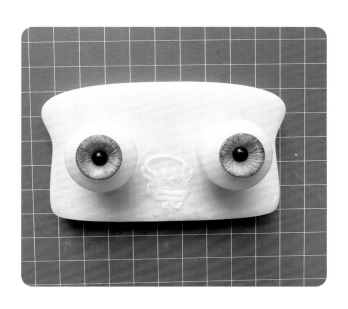

11 将做好的虹膜（UV 胶 + 模具或黑色平底珠）放入中间部分并固化。

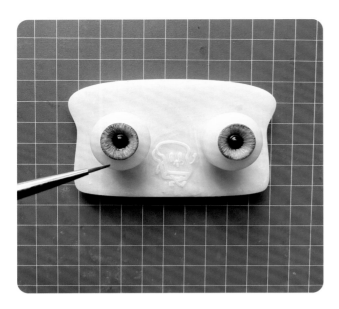

12 用细节笔蘸取深色的 UV 胶晕染瞳孔部分，并照 UV 灯固化。

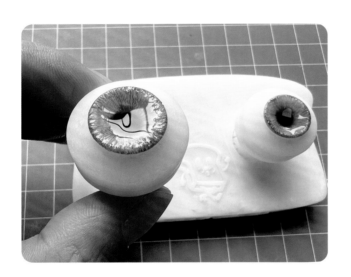

13 滴入少量 UV 胶把表面填平，照 UV 灯固化。

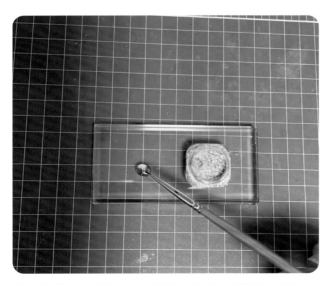

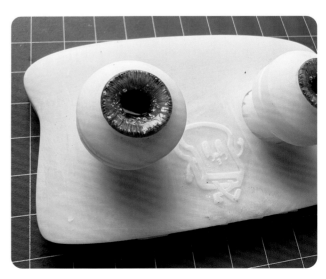

14 将装饰闪粉与 UV 胶混合备用，利用细节笔在虹膜周围及眼片底部加入装饰闪粉，照 UV 灯固化。

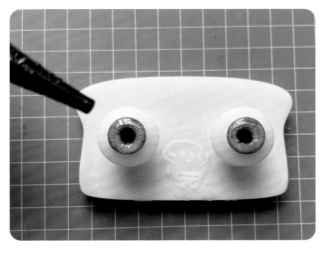

15 滴入 UV 胶，做出眼球的弧度。UV 胶可以滴入得稍微饱满一些，并固化。

16 准备好打磨台和打磨条，放入眼片并顺时针旋转进行打磨。

17 打磨出中间高四周低的弧度，打磨后虹膜呈磨砂状态。

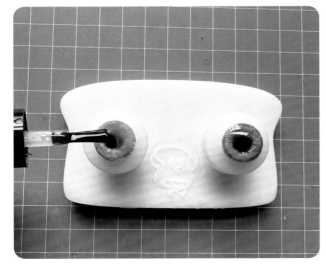

18 准备 UV 封层液，刷涂在眼片表面并用 UV 灯固化。

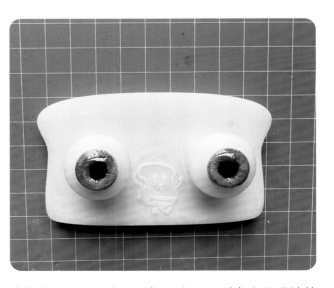

19 封层照干后表面更加透亮，一副真人风眼片就完成啦！

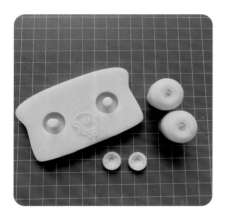

01 准备吐司操作台和 3D 立体底
托备用。

02 3D 立体底托自带纹理雕刻细
节，可省去雕刻的时间，降低
操作难度。

03 准备色粉、上色刷、一个干净
的调色板。

04 调色板上倒入一些 UV 胶备
用。这里使用半干半湿画法进
行上色，即蘸取 UV 胶后再蘸
一些干粉。

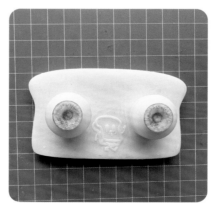

05 选择浅色进行第一层的着色，
并照 UV 灯固化。

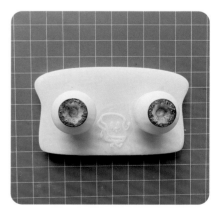

06 选择深色进行第二层着色，并
照 UV 灯固化。

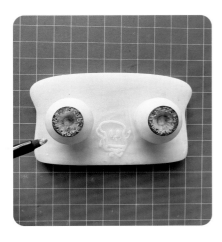

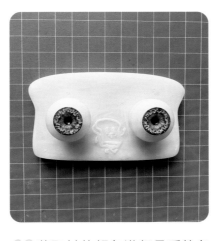

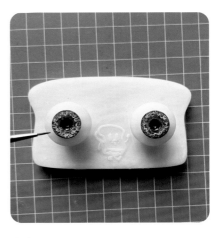

07 蘸取白色颜料进行点缀修饰，并照 UV 灯固化。

08 蘸取其他颜色进行最后的色调调整，用深色 UV 画出虹膜，并照 UV 灯固化。

09 用细节笔晕染虹膜，使之过渡自然。

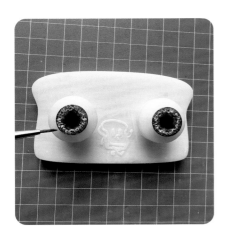

10 滴少量 UV 胶，用 UV 灯照干。

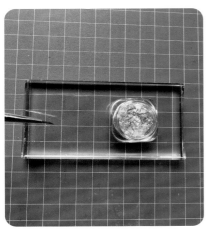

11 同色系装饰闪片混合 UV 胶备用。

12 在眼片底部刷上装饰闪片。

13 底层干透后开始滴弧，UV 胶尽量饱满，液态稳定后检查是否还有残留气泡，若有，处理干净再照灯。3D 立体纹眼片就完成啦！

第8章 娃衣造梦师

娃衣的挑选搭配是赋予娃娃生命的最后一步，对小布的主题定位和气质打造有非常重要的作用。在娃衣的加持下，小布会变得更加生动美丽，而娃衣设计师也是一个非常需要艺术素养的职业。

娃衣是小布必不可少的"装备"。为小布精心挑选娃衣的过程，能给娃妈带来非常美妙的体验，这种快乐在开箱为小布亲手穿上精美娃衣的瞬间达到极致。

　　娃衣作者从构思到设计起稿，直至一针一线亲手做出娃衣成品，是一种美妙的精神享受。从事娃衣设计非常考验艺术素养，作者会从布料研究、时装发布会、油画，甚至文学作品中汲取灵感。许多作者都是服装设计专业科班出身、真人服装从业者，部分爱好者甚至为此特意进修了服装设计专业。"娃衣一点也不比真人服装好做，相反，尺寸小，更精细，做起来更难。"每个娃衣作者都深有体会。

娃衣设计师和小布妆师都是一群造梦师。人类的样貌受自然条件限制，但娃娃有无限可能，我们都将自己对美的追求和想象投射在了娃娃的身上——

愿我们初心不负，愿所有的喜爱都被温柔以待！

在这本书的最后，让我们一起来欣赏精美的娃衣盛宴吧！

小红书 - 花千子手作工作室
主理人：安琪

本科毕业于中国戏曲学院舞台服装设计专业，后留学日本文化服装学院 Fashion Business（时尚营销）专业。教书三年，后从事娃衣设计，将欧式刺绣、烫花、钩织工艺等融于娃衣设计中。其设计的娃衣风格多样，十分注重设计感和精细化工艺制作。

花千子《唐顿庄园》

花千子《郁金香》

花千子《红玫瑰》

花千子《KIKI 别走》

小红书 - 冕冕

全职娃衣及拉环作者，毕业于
青岛理工大学艺术设计专业。因对
各类手工制作及绘画有着深厚的热
爱，从而一直坚持钻研、学习手工
制作。"我喜欢将平凡的材料加工
成不同风格的精彩作品，期待与热
爱手工的你相遇。"

冕冕《花嫁》

冥冥《云深》

冥冥《简·奥斯丁》

小红书－大晋晋

　　全职娃衣作者，毕业于云南省楚雄师范学院。热爱一切温暖而美好的手工和绘画作品，希望能把一针一线的美好传递给更多热爱手工的人。"愿你和我一样心有热爱，内心笃定，把岁月漫长过成向往的诗和远方！"

大晋晋《苹果熊和雪梨鸭》

大晋晋《秋兔酱》

大晋晋《小红帽》

大晋晋《双生花》

后记

感谢你用心地看完这本书。
一本教程书的创作，需要非常系统的大纲设定、细致的步骤拆解、
缜密的语言逻辑、严谨的审核校对、庞大复杂的排版设计，
以及比录制视频课和线下课更多的耐心。
幸好有如此优秀的编辑和美编的技术支持与帮助，
今天它才能顺利与大家见面，在此衷心向各位表示感谢！

写书是一段奇妙的经历，
从 2021 年受邀筹备这本书开始，
它陪伴我度过了数不尽的深夜和黎明，
反复改稿，反复琢磨怎样精准又直观地传达信息，让零基础的读者迅速上手
——比做好一个作品更难的是，怎样教会别人做好一个作品。

直至今日，这本书躺在你漂亮的书桌上随手可阅，
我很欣慰它将在你手边，陪伴你度过改娃的每一天，带给你快乐。
让一页页纸片在你的手中一步步幻化出一个个有灵魂的小孩。
她们是你造就的独一无二的艺术品，她们不可复刻。

如果能帮助你圆了亲手改娃的梦想，
或是让你将爱好升级为事业，成为一个"造梦师"，
那就更是升华了这本书原有的价值。再次感谢你的信任。

愿我们所有的热爱都被温柔以待，
祝大家改娃愉快！

——老安

图书在版编目（CIP）数据

造梦师小布（Blythe）零基础改娃教程全解析 / 老
安著 . —— 成都：四川美术出版社，2023.5
ISBN 978-7-5740-0478-8

Ⅰ . ①造… Ⅱ . ①老… Ⅲ . ①玩偶 – 制作 Ⅳ .
① TS958.6

中国国家版本馆 CIP 数据核字 (2023) 第 047134 号

造梦师　小布（Blythe）零基础改娃教程全解析
ZAO MENG SHI XIAO BU(Blythe) LING JICHU
GAI WA JIAOCHENG QUAN JIEXI

老安（安蕾）著

策　　划：谭　昉		出版统筹：贾　骥　宋　凯
责任编辑：罗　群		出版监制：张泰亚
责任校对：陈　玲		策划编辑：邓英洁
排版设计：王　艺　宋　慧		
责任印刷：黎　伟		

出版发行：四川美术出版社有限公司（成都市锦江区工业园区三色路238号　邮政编码：610023）

印　　　刷：北京美图印务有限公司
成品尺寸：210mm×285mm
印　　　张：11.25
字　　　数：180千
图 幅 数：180
版　　　次：2023年7月第1版
印　　　次：2023年7月第1次印刷

书　　　号：ISBN 978-7-5740-0478-8
定　　　价：118.00元

企业官方微信公众号